U0150496

农村房屋抗震实用手册

主　编：孙柏涛

副主编：陈洪富　周中一　张桂欣

陈相兆　王　皓

地 震 出 版 社

图书在版编目（CIP）数据

农村房屋抗震实用手册 / 孙柏涛主编 . -- 北京：
地震出版社，2022.3（2023.3重印）
ISBN 978-7-5028-5432-4

Ⅰ. ①农… Ⅱ. ①孙… Ⅲ. ①农村住宅—抗震—
实用技术 Ⅳ. ① TU241.4

中国版本图书馆 CIP 数据核字 (2022) 第 024956 号

地震版 XM5488/TU（6246）

农村房屋抗震实用手册

主　　编：孙柏涛
副 主 编：陈洪富　周中一　张桂欣　陈相兆　王　皓
责任编辑：凌　樱
责任校对：鄂真妮

出版发行：地震出版社
北京市海淀区民族大学南路 9 号　　邮编：100081
发行部：68423031　68467991　　传真：68467991
总编室：68462709　68423029
http://seismologicalpress.com
E-mail: dz_press@163.com
经销：全国各地新华书店
印刷：河北文盛印刷有限公司

版（印）次：2022 年 3 月第一版　2023 年 3 月第 2 次印刷
开本：880 × 1230　1/32
字数：63 千字
印张：2.5
书号：ISBN 978-7-5028-5432-4
定价：12.00 元

《农村房屋抗震实用手册》

编委会

主　编：孙柏涛

副主编：陈洪富　周中一　张桂欣　陈相兆

　　　　王　皓

编　委：齐立芳　唐泽人　史建鑫　高木梓

　　　　魏　珂　王现伟

审查委员会

戴君武　王　涛　曲　哲　郭恩栋　杨永强

前言

长期以来我国房屋建筑的抗震设防管理施行城乡“二元化”体制，农村房屋的建设活动长期处于监管的“盲点”和“空白区”，各地区大多依赖农村工匠的经验设计和建造，建造材料多是因地制宜、就地取材，建（构）造形式各异，施工质量参差不齐，导致农村房屋建筑大多不具备抗震能力或抗震能力较弱。近几十年的震害经验表明，农村房屋是建筑震害中的主要承灾体，即便是震级不大的地震也会造成较高的经济损失和人员伤亡。因此，农村房屋的地震安全问题值得我们重点关注。本书根据实际工作需要，仅从宏观层面简略的论述了农村房屋抗震设计、施工和避险中需要注意的事项，可作为防震减灾和应急管理知识科普读物。

作为国家重点推动实施的“自然灾害防治九项重点工程”之一，“地震易发区房屋设施加固工程”由国家发展和改革委员会、应急管理部牵头负责，中国地震局负责具体组织实施，重点关注于设防烈度 7 度及以上高烈度区的既有房屋设施的地震安全和抗震加固问题。其中，加固工程技术专家组挂靠中国地震局工程力学研究所（以下简称“工力所”），由我本人担任组长，中国建筑科学研究院史铁花研究员和工力所戴君武研究员担任副组长。为了更好的服务于农村房屋建筑的抗震知识宣传和抗震加固，我们组织有关专家编写了《农村房屋抗震实用手册》。

本书首先介绍了农村地区新建房屋在设计、施工阶段的选址原则、地基处理、基础设置、构造措施等方面需要注意的抗震要点。然后，针对我国农村地区量大面广既有木结构房屋、土木房屋、石墙房屋、钢筋混凝土框架房屋、混合承重房屋等典型结构，分别介绍了其建（构）造特点、存在的抗震薄弱环节及典型震害特征；并考虑不同地区农居特点、经济条件以及加固施工扰动性等因素，分别从“小补、中修、大改”三个维度给出了若干施工简便、经济有效的抗震加固方案。最后，论述了在新建民居中如何设置局部抗震自救空间，以及在既有民居中如何通过合理改造设置局部抗震自救空间和改造中需要注意的事项。

本书在编写过程中得到了中国地震局震害防御司的大力支持，以及审查委员会专家的指导和帮助，同时参考了有关单位的资料，在此一并致谢。

本书得到了国家重点研发计划项目（项目编号：2019YFC 1509300）、中国地震局地震工程与工程振动重点实验室重点专项（项目编号：2019EEEVL0103、2021EEEVL0203、2021EEEVL0210）的资助，特此说明。

针对房屋建筑的抗震加固工作，数十年来住房与城乡建设管理部门开展了大量卓有成效的工作，各大专院校（所）取得了丰富的研究成果。由于作者水平有限，书中难免有疏漏和不足之处，烦请读者多多交流指教。

孙柏涛

2021 年 12 月于中国地震局工程力学研究所

目录

第1章 新建房屋设计施工阶段注意事项

1.1 选址的原则

房屋要建在开阔、平坦、密实、均匀的土层或稳定的基岩上。不要在软弱土层、易液化土层、陡坡、河岸、古河道、暗埋的塘滨沟谷和半填半挖的地方建房，更不要在活动断裂带上建房，如图1-1所示。

图 1-1　选址的原则

1.2 地基处理

（1）夯实法：用振动、振冲、夯锤反复夯击。此法适用于处理碎石土、砂土、粉质黏土、湿陷性黄土、素填土和杂填土等地基。

（2）置换法：把原地基中的淤泥质土、松散粉细砂层挖去，用中粗砂、石块、素土填埋并分层夯实。也可采用灰土地基，常用灰土的体积比为 2 : 8 或 3 : 7。

1.3 打好基础

（1）深埋基础：砖基础适用于软土场地，建在比较好的老土层或经过处理后的土层上。寒冷地区应建在冻土层以下。

（2）基础宽度：若将基础设在未经过处理的软弱土层上，宽度要大些；基础设在坚硬土层上时，宽度可小些。

（3）加设基础圈梁：遇到地基不均匀时，应加设基础圈梁，以防墙身开裂或产生裂缝。

（4）基础类型：混凝土基础、砖基础、毛石基础，如图 1-2 所示。

图 1-2　基础类型：从左到右依次为混凝土基础、砖基础和毛石基础

1.4 采取构造措施

（1）整体设置要求：房屋外形规则，尽量不要做女儿墙等易损坏的附属构件；房屋开间不宜过大，多设横墙，优先采用横墙承重；墙体布局均匀、对称，开洞要合理，不宜过大；多层砖房屋的高宽比不宜过大。

（2）墙体的增强措施：改善墙体布局。房屋外墙和内横墙前后上下对齐贯通；限制单片墙体尺寸。门窗尺寸不宜过大，数量不宜过多；采用正确的砌筑方法。内、外墙尽量同时砌筑；灰浆要饱满，灰缝厚度应控制在 8~12mm；每层砖必须互相错缝搭接；加强墙角交接处的相互连接，如图 1-3 所示。

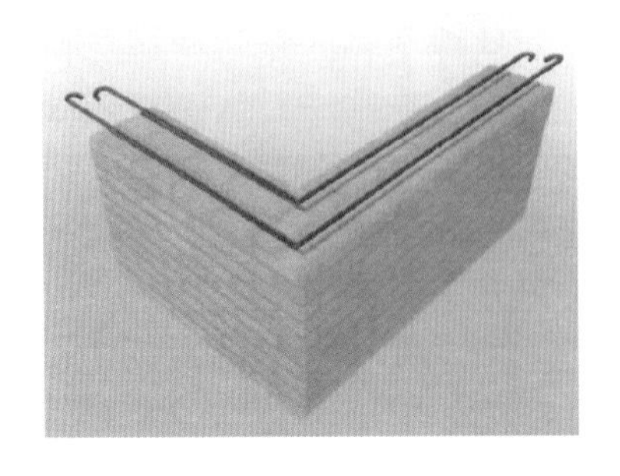

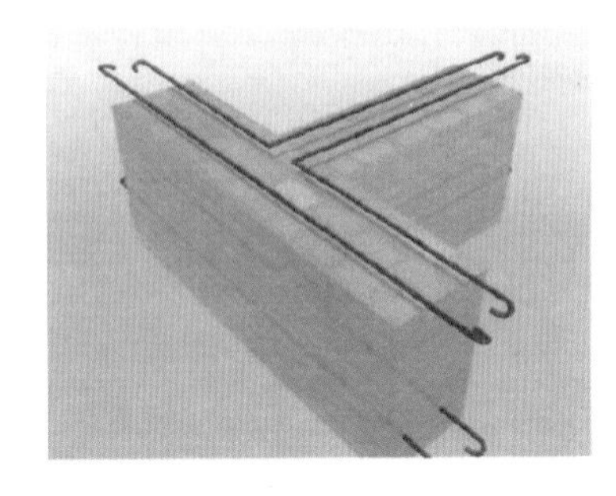

图 1-3　砖墙拐角及丁字头处设置拉结钢筋

（3）圈梁的设置要求：圈梁应设置于房屋的底层、中层、顶层和基础顶层；设置于各层的外墙、内纵墙和内横墙，并与构造柱连接；各层圈梁应形成闭合约束。圈梁的做法及配筋：首先，砌筑砖墙；然后，浇筑构造柱；最后，浇筑钢筋混凝土圈梁。

（4）构造柱的设置要求：构造柱设在房屋外墙四角和大开间房间的四角。

（5）屋盖的构造要求：应多设横墙，以起到承重作用；控制木屋架的间距（即条的跨度）在 4m 以内；预制空心板屋盖施工时一定要与梁、墙体拉结；现浇钢筋混凝土屋盖的整体性比预制空心板屋盖要好，值得推广。对于Ⅸ度区砖混结构，屋盖可以同圈梁一起浇筑，屋盖钢筋应与构造柱的纵筋加以锚固。

（6）木构架的构造要求：屋架尽量采用三支点或多支点立柱；柱与弦之间加设斜撑；排架顶部之间，柱与柱之间设置剪刀形支撑；柱脚锚固于埋置地下的基座上，防止滑落；梁和柱连接要牢靠，顶部各杆件之间要用钢筋螺栓和扒钉连接，梁与屋架弦、檩条与屋架弦用螺栓或扒钉连接；木柱与围护墙之间应固定连接，如图 1-4 所示。

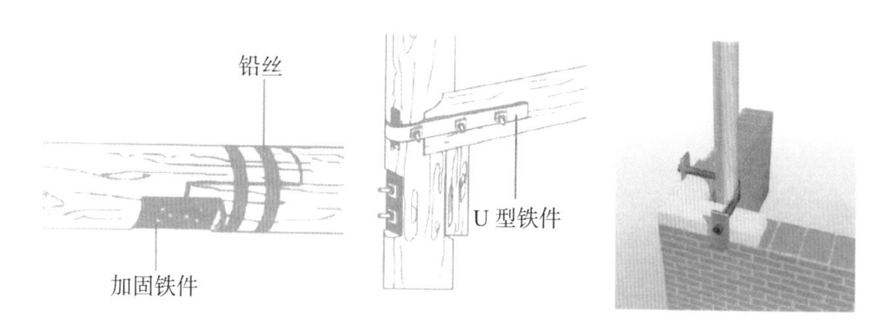

图 1-4　木构件之间及其与墙体之间的连接

第 2 章
砌体结构房屋

2.1 什么是砌体结构房屋?

砌体结构房屋是指利用各种块材和砂浆砌筑而成的墙体承重的房屋，包括砖墙体和砌块墙体承重的多层房屋或单层平房。根据楼屋盖形式的不同，可以分为砖混结构和砖木结构两种。为了增强墙体之间及墙体与楼板之间的连接，要求设置圈梁、构造柱或芯柱。砌体结构的组成与一般结构，如图 2-1 所示。

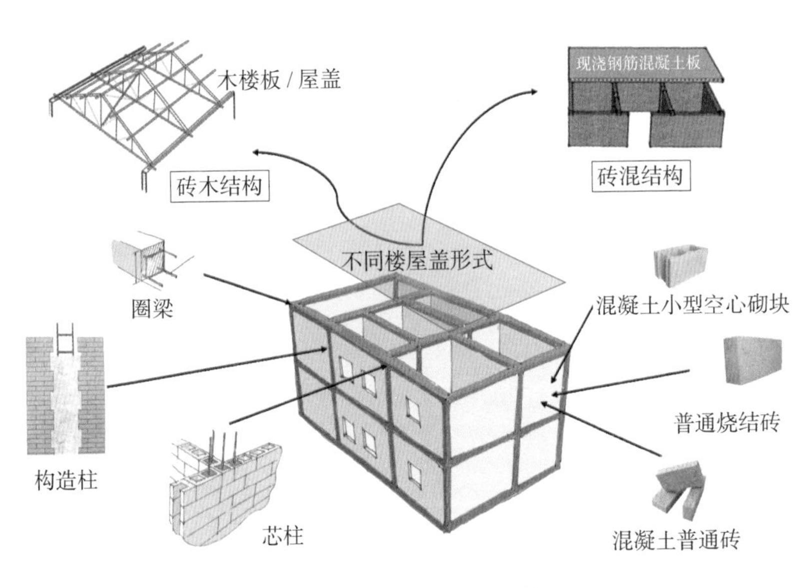

图 2-1　砌体结构的组成与构造

2.2 砌体结构房屋的薄弱环节在哪里？震后破坏特征是怎样的？

（1）由于墙体材料强度低、延性差，墙体呈脆性所导致的损伤，如图 2-2 所示。

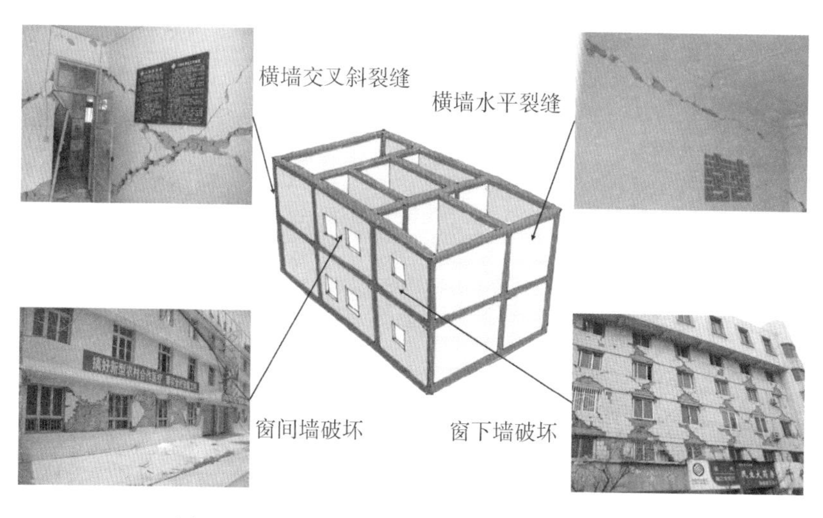

图 2-2　由于墙体材料力学性能较差导致的损伤

（2）由于墙体之间及墙体与楼板之间的连接性差所导致的损伤，如图 2-3 所示。

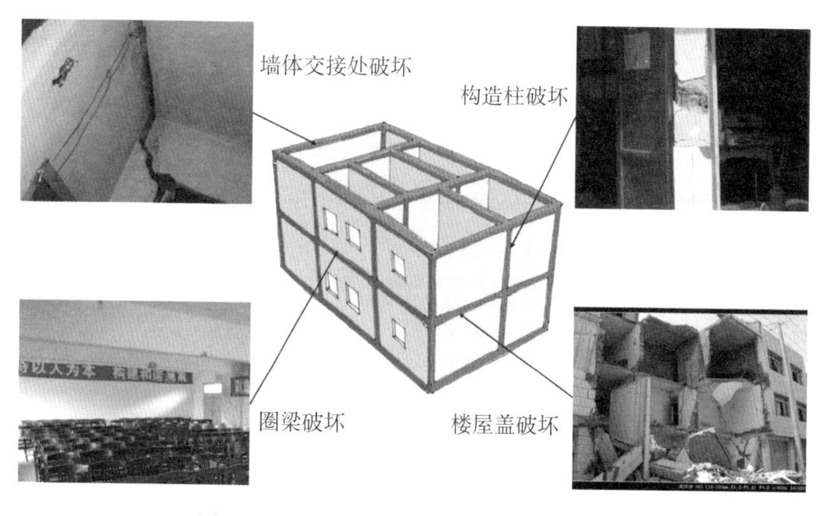

图 2-3　由于构件间连接性较差导致的损伤

（3）由于楼梯间、屋顶及伸缩缝等部位薄弱所导致的损伤，如图 2-4 所示。

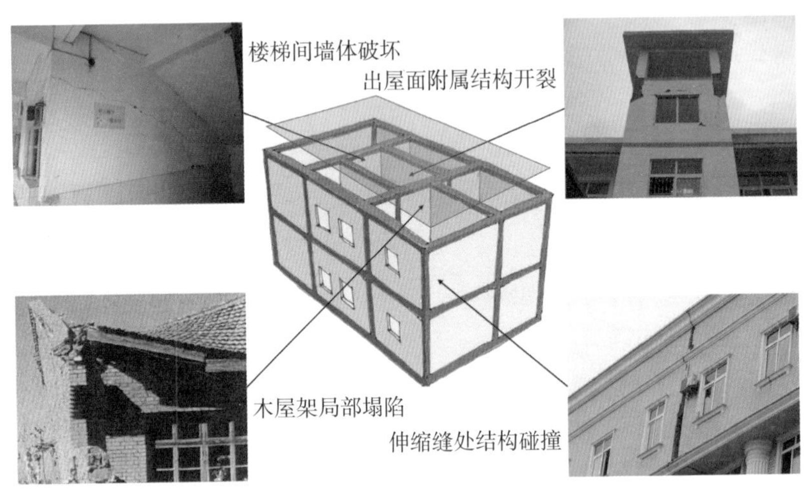

图 2-4　楼梯间、屋顶及伸缩缝等抗震薄弱部位的损伤

2.3 怎样增强砌体结构抵抗地震破坏的能力？

（1）低成本、低扰动、提升弱的增强措施（小补）。

压力灌浆修复墙体：首先对砌体进行表面处理，再固定灌浆嘴位置，钻孔并封缝，最后使用专用设备在钻孔处压力灌浆，如图 2-5 所示。

图 2-5　压力灌浆修复砌体墙体

灌浆法修复钢混楼板：首先埋设灌浆嘴，可用钢丝刷沿缝进行表面刷毛和清洁处理，然后骑缝用环氧胶泥粘贴灌浆盒或灌浆嘴，然后封缝，并检查封缝密封效果。接通管路，用压缩空气将孔道及裂缝内粉尘吹净。由缝的一端灌向另一端灌浆，竖缝由下往上灌，如图 2-6 所示。

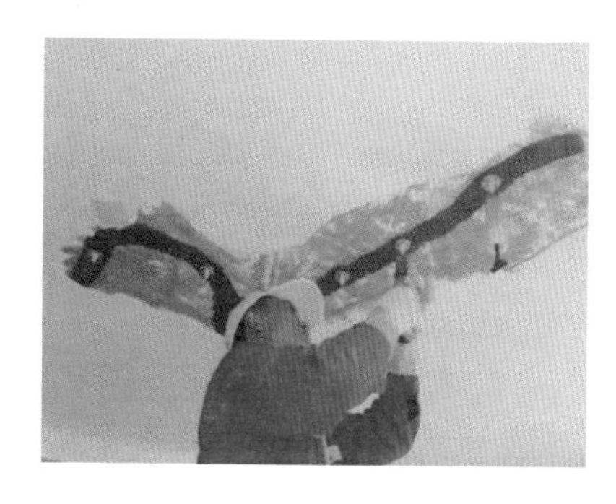

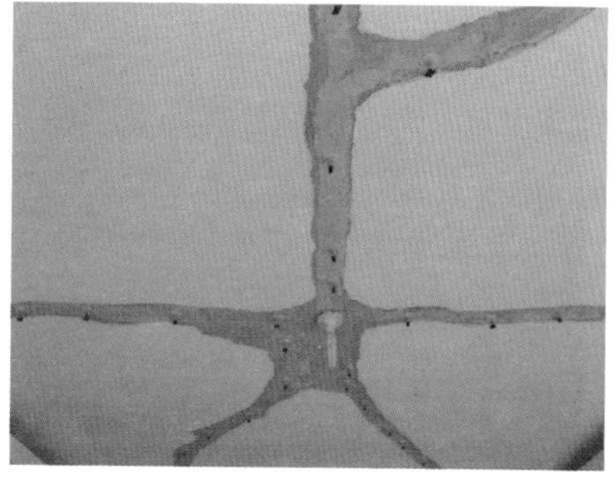

图 2-6　压力灌浆修复钢筋混凝土楼板

（2）中等成本、扰动以及提升的增强措施（中修）。

高延性混凝土提升墙体抗震性能：对于砌体结构仅需将墙面清理干净，采用人工压抹高延性砂浆即可，如图 2-7 所示。

图 2-7　高延性混凝土提升墙体抗震性能

喷射混凝土板墙提升墙体抗震性能：对砌体墙面进行清洗、锚筋、绑扎钢筋网，然后把混凝土高速高压喷射到结构面上，形成外包面层，如图 2-8 所示。

图 2-8　喷射混凝土板墙提升墙体抗震性能

钢筋–砂浆面层交叉条带提升墙体抗震性能：直接对窗间墙、承重横墙中最容易产生破坏的破坏面上单面或双面增抹宽

250~400mm、厚 40~60mm 的钢筋–砂浆面层条带，由交叉条带直接承担地震剪应力，避免或减缓强震下墙体交叉斜裂缝的出现，如图 2-9 所示。

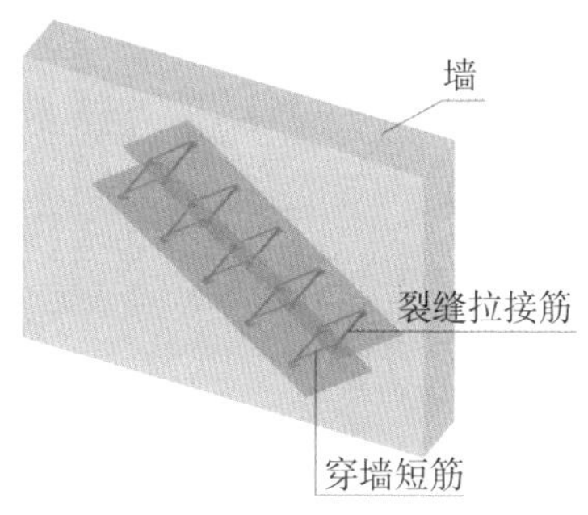

图 2-9　钢筋–砂浆面层交叉条带提升墙体抗震性能

（3）高成本、高扰动、提升强的增强措施（大改）。

外加钢筋混凝土圈梁构造柱改造整体结构：在既有砌筑建筑横墙外侧架设钻孔设备，在拟设钢拉杆部位，首先在墙体内长距离水平钻孔，然后在孔内穿钢拉杆并内注聚合物砂浆，最后进行后增钢筋混凝土构造柱以及后增钢筋混凝土圈梁的钢筋绑扎，浇注混凝土，如图 2-10 所示。

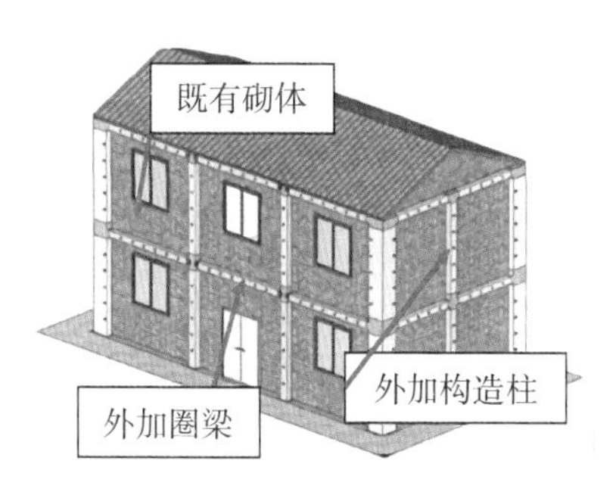

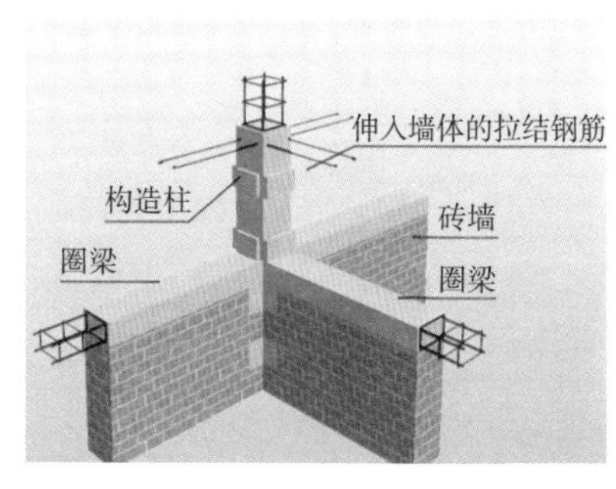

图 2-10　外加钢筋混凝土圈梁构造柱改造整体结构

内置 / 外附钢框架改造整体结构：与传统外加构造柱圈梁的流程相同，不同之处是将混凝土构件更换为钢构件，如图 2-11 所示。

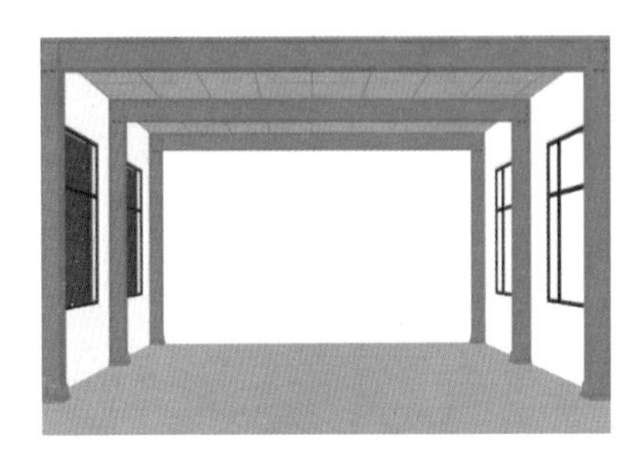
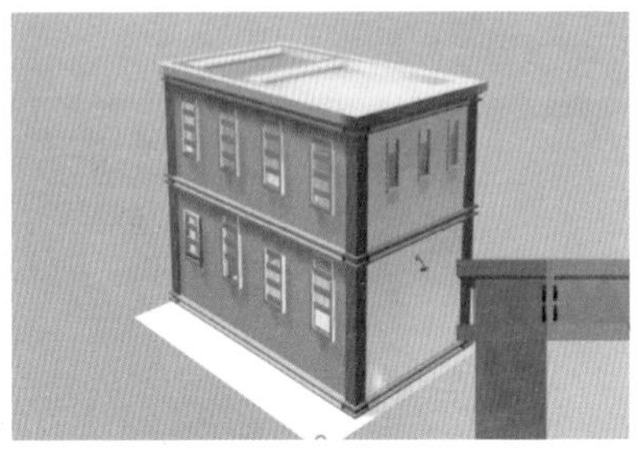

图 2-11　内置 / 外附钢框架改造整体结构

增设摩擦滑移隔震装置减少输入结构地震能量：砌体结构上下基础梁间铺设玻璃珠–石墨隔震层，并设置两个限位装置。基础滑移隔震系统由上下基础梁、玻璃珠–石墨滑移隔震层、限位装置构成。在上下基础梁相同位置对应设置放置砂浆棒的预留圆孔，砂浆棒用水泥浆与上下基础梁预留圆孔粘结。在上基础梁上砌筑端部带竖向构造钢筋的墙体，竖向构造钢筋有一定的构造柱作用，竖向构造钢筋上下端分别锚固于上基础梁和加载梁中，如图 2-12 所示。

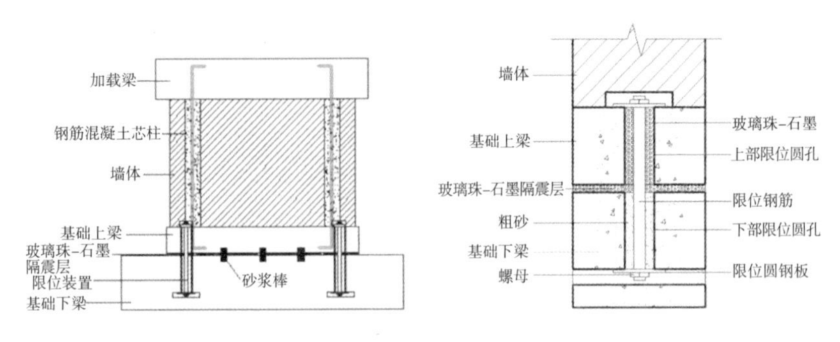

图 2-12　增设摩擦滑移隔震装置减少输入结构地震能量

第 3 章
木结构房屋

3.1 什么是穿斗木结构房屋？

穿斗木结构房屋是指房屋的柱子之间用穿透柱身的穿枋连接，柱顶放檩，檩上直接承受屋面的荷载。每檩下立柱直接落地。柱与柱之间采用这种穿枋的好处是便于装板壁或夹泥，而且空间大，自重轻，穿枋可以超出柱身而变为挑枋承受挑檐的重量。在空间上可以采用三架、五架、七架等自由组合，大大增加房屋灵活性。穿斗木结构的组成与一般结构，如图 3-1 所示。

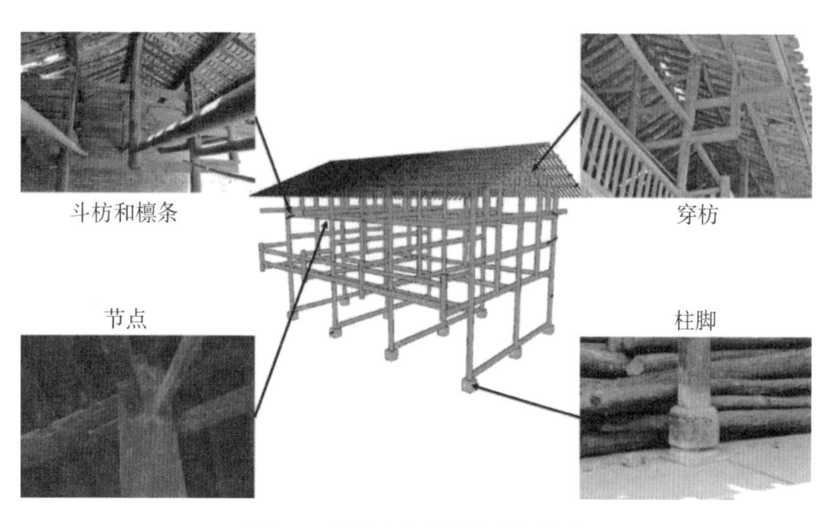

图 3-1　穿斗木结构的组成与构造

3.2 什么是木柁架房屋？

木柁架房屋是指在木柱上架梁，梁上又抬梁的房屋。具体做法是沿着房屋的进深方向在石基上立木柱，木柱上架梁，再在梁上立瓜柱，然后在瓜柱上加梁，以此类推，自下而上，逐层缩短，逐层加高，至最上层梁上立脊瓜柱，构成一排木构架。在相互平行的两排木构架之间，用横向的木枋架在木柱的上端，将两排木构架连到一起，并在各层梁头和脊瓜柱上安置若干与构架成直角的檩条，当木柱上采用斗拱时，则梁头搁置在斗拱上。木柁架结构的组成与一般构造，如图 3-2 所示。

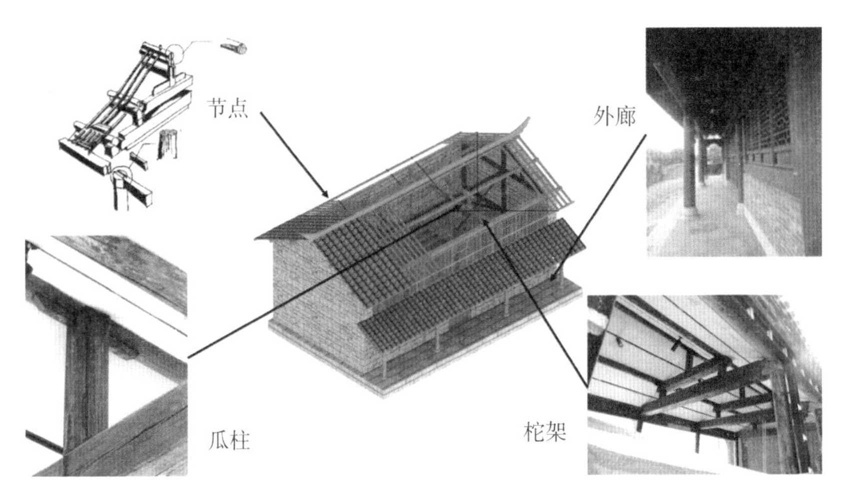

图 3-2　木柁架结构的组成与构造

3.3 什么是康房？

康房系藏族地区的木构架房屋，一般为两层，以毛石或片石垒筑承重墙体，黄土和砂砾混合填缝，内置木构架，平屋顶；底层为辅助用房，二层居住。该类型建筑主要分布于康巴藏区，即四川的甘孜藏族自治州、阿坝藏族羌族自治州（部分）、木里藏族自治县，西藏的昌都市，云南的迪庆藏族自治州，青海的玉树藏族自治州等地区。康房的组成与一般构造，如图 3-3 所示。

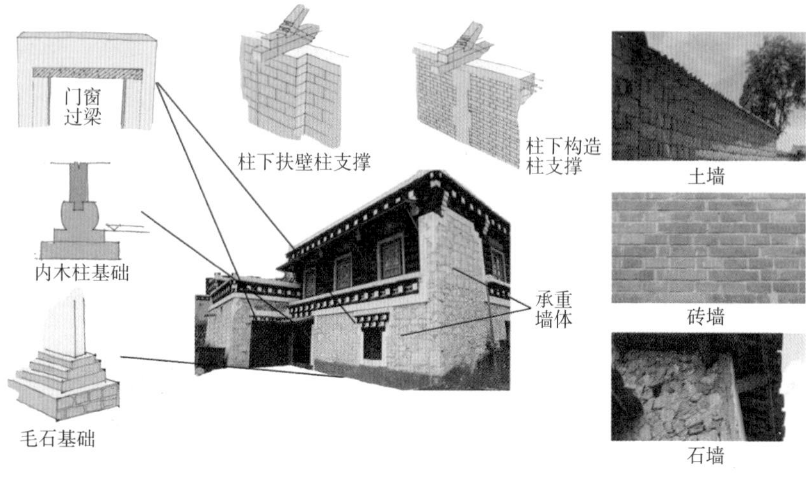

图 3-3　康房的组成与构造

3.4 木结构房屋的薄弱环节在哪里？震后破坏特征是怎样的？（以穿斗木结构为例）

（1）由于柱腐朽或强度低，产生滑移或开裂，导致连接处破坏，如图 3-4 所示。

图 3-4　柱腐朽或强度低导致的破坏

（2）由于屋盖过重或梁柱节点较弱，导致倒塌或开裂，如图 3-5 所示。

图 3-5　屋盖过重及梁柱节点薄弱导致的损伤

（3）由于墙体之间及墙体与楼板之间连接较差导致的损伤，如图 3-6 所示。

图 3-6　由于墙体连接处薄弱造成的损伤

3.5 怎样增强木结构抵抗地震破坏的能力？

（1）低成本、低扰动、提升弱的增强措施（小补）。

增设枋木对拉螺栓矫正木柱：采用增设枋木对拉螺栓或组合柱加强截面措施。施工时先对弯曲部分进行矫正，使柱子回复到直线形状，然后再增设枋木增大木柱侧向刚度，如图 3-7 所示。

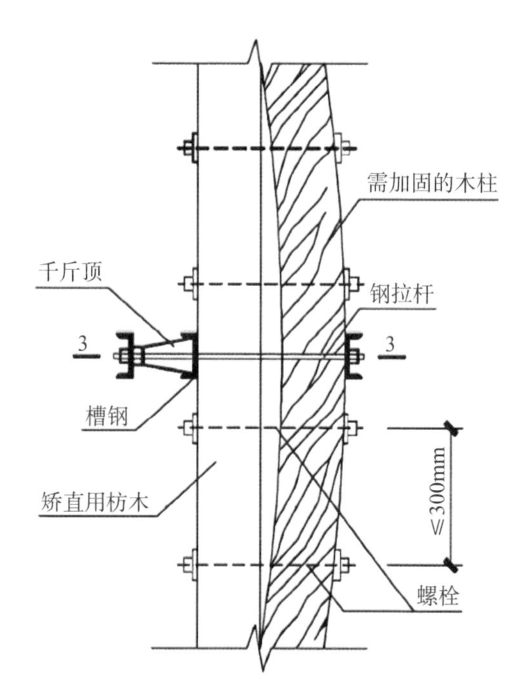

图 3-7　增设枋木对拉螺栓矫正木柱

防腐油膏、夹木及螺栓处理损坏、腐朽木柱：当柱脚轻度损坏或腐朽时，把损坏或腐朽的外表部分去除后，对柱底完好部分刷涂防腐油膏，然后安装经防腐处理的夹木或钢夹板及螺栓，如图 3-8 所示。

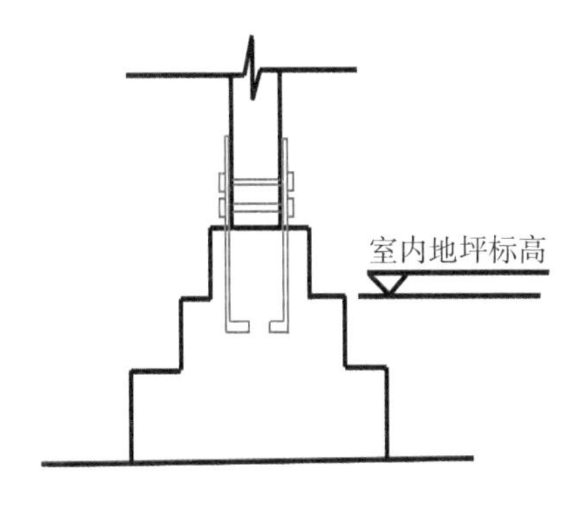

图 3-8　使用夹木及螺栓修复柱脚

拉结增强原有砖墙与木柱的连接：围护墙体应采用铁丝（钢筋）、木牵梁、墙缆等与木构架进行拉结，穿墙孔直径约 25mm，用水泥砂浆填实，如图 3-9 所示。

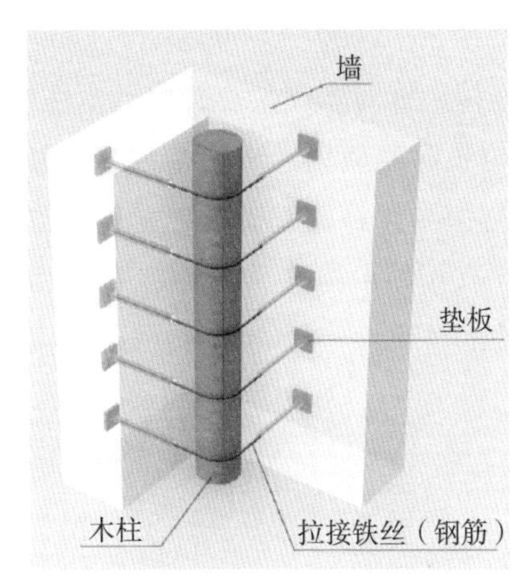

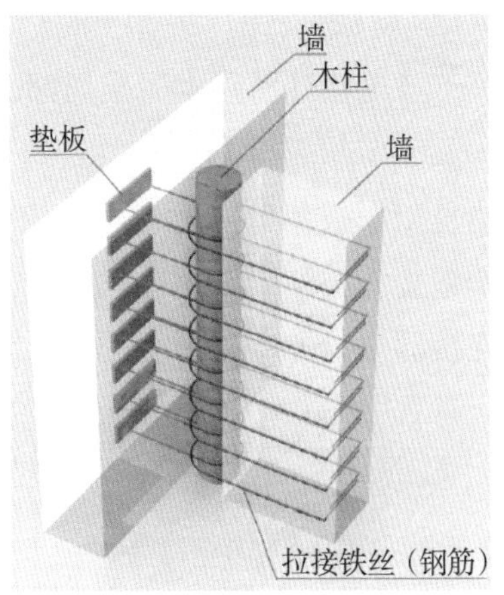

图 3-9　拉结加强木构件与墙体的连接性

（2）中等成本、扰动以及提升的增强措施（中修）。

加设斜撑增强木柱与屋架的连接：对于我国农村地区早期建设的、缺乏抗震设计理念的木柱木屋架结构房屋，在屋架与木柱的连接部位增设或替换斜撑木条，木条一般采用螺栓与原有木构件锚固。加固施工中可以通过调整斜撑的角度或者数量来达到对称加固，以保证加固后节点的力学性能，如图 3-10 所示。

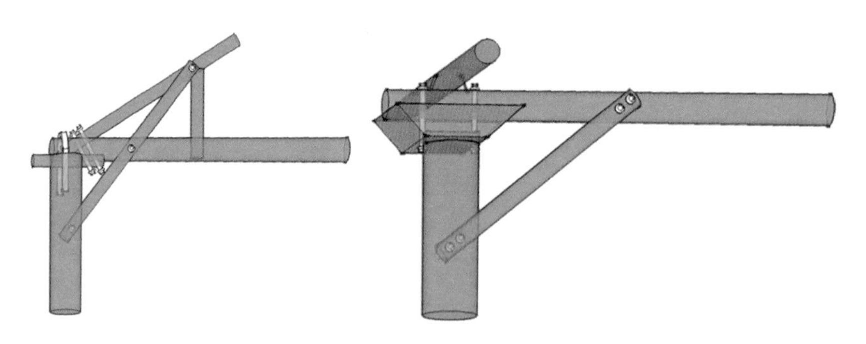

图 3-10　加设斜撑增强木柱与屋架的连接

增设铁件增强木屋架局部的连接：针对木屋架与砖墙、木柱与木梁、屋架弦杆与檩条等连接部位长时间使用后出现腐蚀、开裂、错位以及拔隼等问题，在一定的复位与修补的基础上，采用扒钉、钢板等铁质加固件通过螺栓连接原有相邻木构件、砖砌体，以增强连接部位的强度与刚度，提升结构的整体性与耗能能力，如图 3-11 所示。

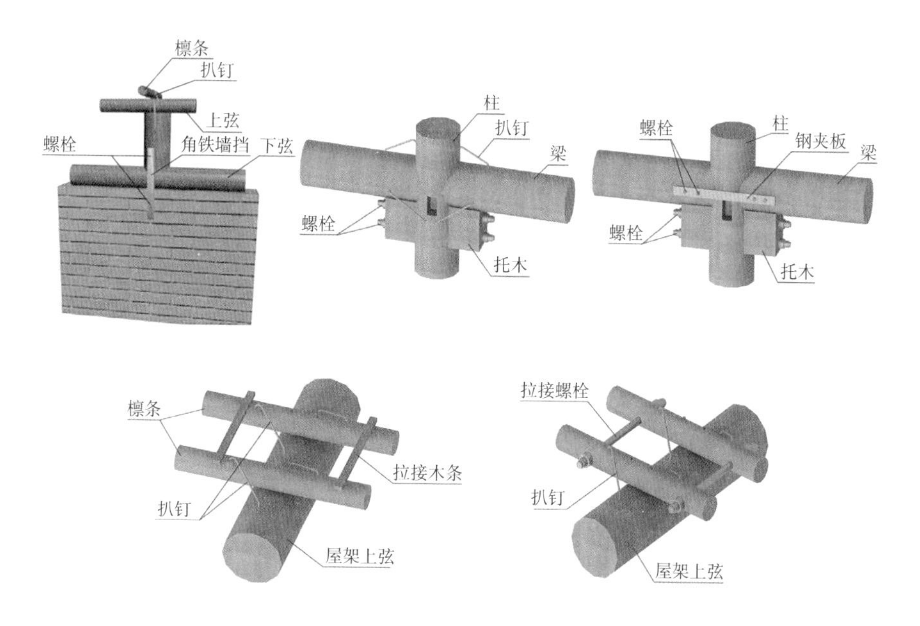

图 3-11　增设铁件增强木屋架局部的连接

设置角钢托梁加强门窗洞口过梁：当洞口宽度较小时，可以采用双侧高强配筋砂浆带的方法；当洞口宽度较大时，可以采用角钢托梁。施工时，应对窗顶底部进行临时支撑，凿除抹灰层及角钢支撑段砌体的水平缝砂浆，吹干净粉灰；于结合面抹水泥胶泥，并用胶泥嵌满缝隙，随即压贴角钢；将缀板与角钢焊接；检查角钢与砌体之间的粘结，如还有裂缝，应采用压力灌注，如图 3-12 所示。

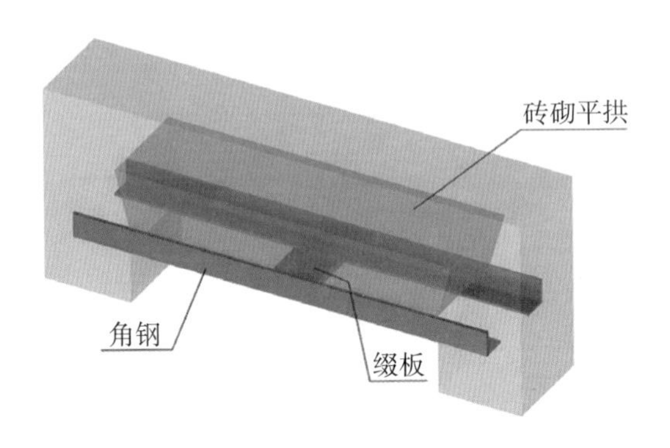

图 3-12　设置角钢托梁加强门窗洞口过梁

木柱柱脚增强：对于不符合抗震鉴定要求的木柱脚或无柱脚的木柱可采用混凝土短柱进行连接。对于侧弯较大的木柱应予以拆除，如图 3-13 所示。

图 3-13　设置钢筋混凝土套增强柱脚

（3）高成本、高扰动、提升强的增强措施（大改）。

设置木杆或支撑提高房屋整体抗震性能：当房屋底层围护墙为生土或毛石墙时，应在围护墙内侧的木柱间设置交叉或水平木杆支挡；水平木杆支挡每层设置两道，当围护墙上有窗洞时，应在窗洞口上下处设置水平木杆支挡，如图 3-14 所示。

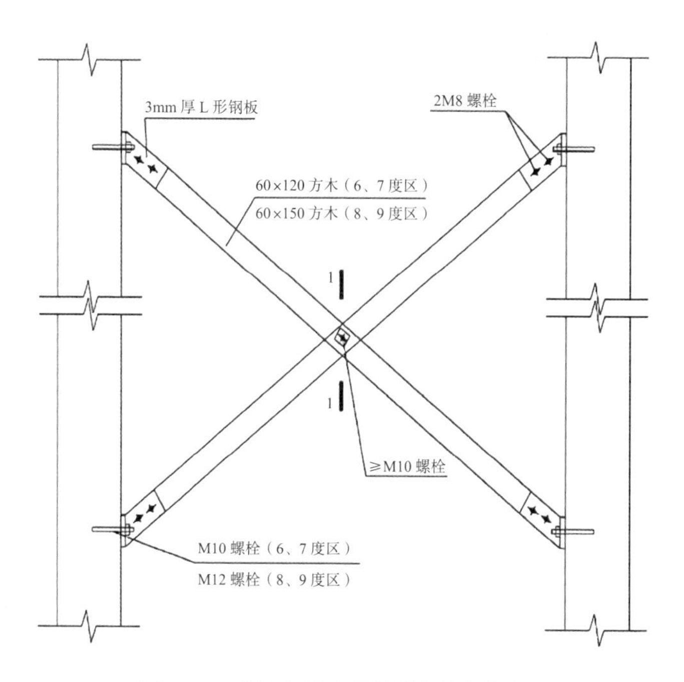

图 3-14　设置木质支撑增强结构整体性

打包带增强康房承重墙体抗震性能：将聚丙烯带（PP 带）以网状排列并嵌入水泥砂浆覆盖层中来补强砌体墙体，尤其适用于村镇砌体结构房屋中砂浆强度偏低的砖墙。打包带法在西藏自治区农牧民安居工程中得到了应用，效果良好，如图 3-15 所示。

图 3-15　打包带技术增强结构抗震性能

砂砾层隔震：用碎石、卵石、角砾、圆砾、砾砂、粗砂、中砂或石屑等坚硬、较粗粒径的回填材料，经合理级配并夯压密实后形成持力垫层，如图 3-16 所示。

图 3-16　砂砾石隔震提升木结构抗震性能

第 4 章

土墙房屋、石墙房屋

4.1 什么是土墙房屋、石墙房屋?

（1）土墙房屋。

土墙房屋是指主要用未焙烧而仅做简单加工的原状土材料营造主体结构的房屋。民居中常见类型主要包括土窑洞和土拱房，土坯墙和夯土墙承重的房屋，表砖里坯墙和砖柱土坯墙承重的房屋。土墙房屋的组成与一般构造，如图 4-1 所示。

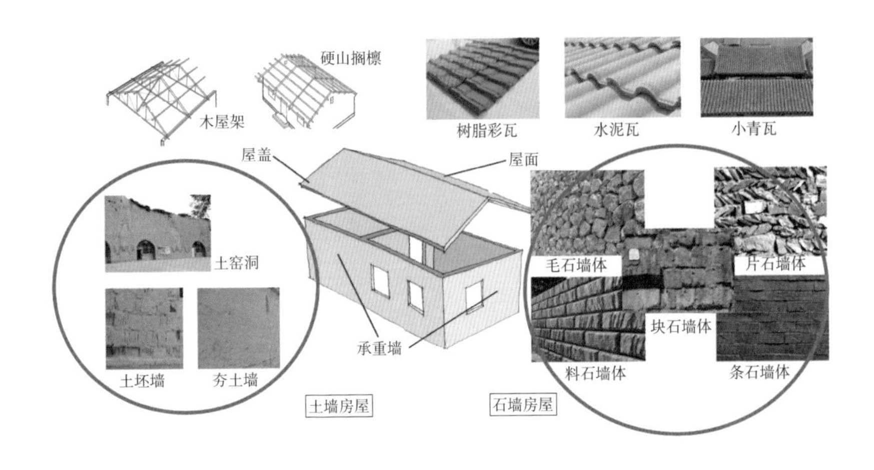

图 4-1　土墙房屋、石墙房屋的组成与构造

土窑洞主要以土拱作为主要承重结构，既承担竖向屋面荷载，又承担风、地震力等水平荷载。窑拱上铺设 1~2m 厚的土层，起保温隔热作用。主要分布于我国陕西、山西境内，如图 4-2 所示。

图 4-2　土窑洞

土拱房是指利用原有生土作为土基或者土坯，建造拱券，在其中填充拱模，经过充分夯实、晾晒后取出其中的拱模。

土坯墙是应用最广泛的生土墙体，采用土坯和泥浆砌筑而成。土坯的制作方法可分为干法和湿法两种，其中湿法应用较多。砌筑方式主要包括平砌、立砌和袜砌等。土坯墙体工具简单、施工方便，对不同地理条件的地区均有较好的实用性，特别在我国北方农村地区，在烧结砖未普遍应用前是最主要的房屋建材，如图 4-3 所示。

图 4-3　土坯墙房屋

夯土墙又名版柱墙、土筑墙，是先制作模板，再填充土料，并采用击实工具夯筑而成的生土墙体，由夯土墙体作为主要承重和维护构件的房屋。墙体所用材料一般有两种：一种为素土，即纯生土材料；另一种是在素土中掺入麦秸、碎石、砂等的改性生土材料。

表砖里坯墙和砖柱土坯墙房屋是指将砖砌体设置在土坯墙外或土坯墙中，使得砖砌体可以与土坯墙同时作为竖向承重构件。表砖里坯墙房屋又称“里生外熟”，常以表砖作为防止墙体风化和碱性侵蚀的维护材料。砖柱土坯墙房屋是以砖柱承重，土墙用作维护结构填充，也有的在填充土墙外又砌有表砖，作为墙体的维护材料。这两种房屋是用受力性能较好的建材在土坯结构的关键受力部位取代传统土坯材料而形成的混合结构体系，如图 4-4 所示。

图 4-4　表砖里坯墙和砖柱土坯墙房屋

（2）石墙房屋。

石墙房屋主要指由石头为主要材料砌筑的房屋。石墙房屋主要包括：毛石或块石墙房屋、料石或条石石墙房屋，石墙房屋的组成与一般构造，如图 4-1 所示。由于当地风俗习惯、经济、舒适度等原因，在福建及我国东南一带存在大量的石墙房屋，如图 4-5 所示。

图 4-5　福建省石墙房屋

毛石指岩石经爆破后所得形状不规则的石块，是天然或从石矿里刚开采出来未经加工的石块，也称乱石，一般石块尺寸较大，如图 4-6 所示。

图 4-6　毛石房屋

块石指经过较粗糙加工的岩石，形状上要求上下面大致平整，其余四角打凌峰锐角。虽然块石对上下面做了要求，但是外表看起来依然参差不齐，如图 4-7 所示。

图 4-7　块石房屋

料石指除对上下面有平整要求外，还要求外露面和接砌面平整，即六个面都需要大致平整。按照露出外面的凹入深度来划分可以分为粗料石、半细料石和细料石。其中粗料石要求凹入深度≤20mm，半细料石要求≤10mm，细料石要求≤2mm，如图 4-8 所示。

图 4-8　料石房屋

条石指由于具有较长的长度，从露出外面的凹入深度来看要求≤10mm，属于半细料石或细料石，而在长度方面额外要求 2~4m，如图 4-9 所示。

图 4-9　条石房屋

片石指我国西北地区，受风化、雨水等环境作用的影响，从山坡上成片状剥落、滑落的石材，如图 4-10 所示。

图 4-10　片石房屋

4.2 土墙房屋、石墙房屋的薄弱环节在哪里？震后破坏特征是怎样的？

（1）由于材料强度低、耐久性不足，导致房屋材料受损伤、破坏，如图 4-11 所示。

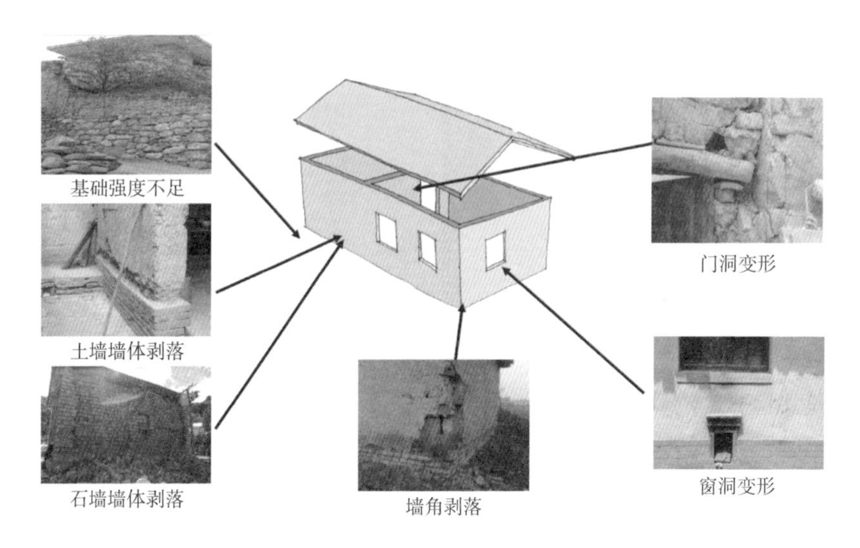

图 4-11　由于墙体材料力学性能较差导致的损伤

（2）由于屋盖过重、梁柱及楼板的强度或连接不足，导致房屋不同程度破坏，如图 4-12 所示。

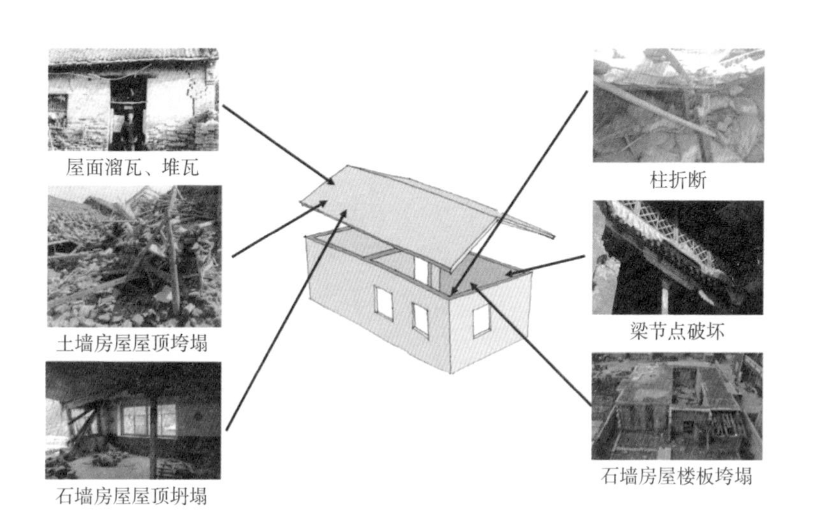

图 4-12　由于楼屋盖及节点部位连接性较差导致的损伤

（3）由于墙体连接及整体性不足，导致房屋墙体出现不同程度破坏，如图 4-13 所示。

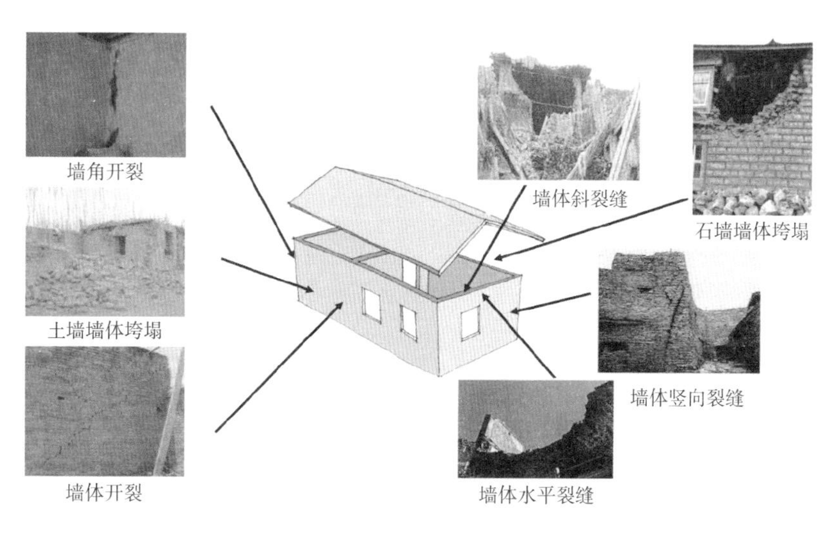

图 4-13　由于墙体间连接性较差及结构整体性不足导致的损伤

4.3 怎样增强土墙房屋、石墙房屋抵抗地震破坏的能力？

（1）低成本、低扰动、提升弱的增强措施（小补）。

砂浆、水泥砂浆填补小型裂缝：对于较小的墙体裂缝，可先清理墙体裂缝，再采用抹灰或水泥砂浆填补进裂缝进行修补加强，如图 4-14 所示。

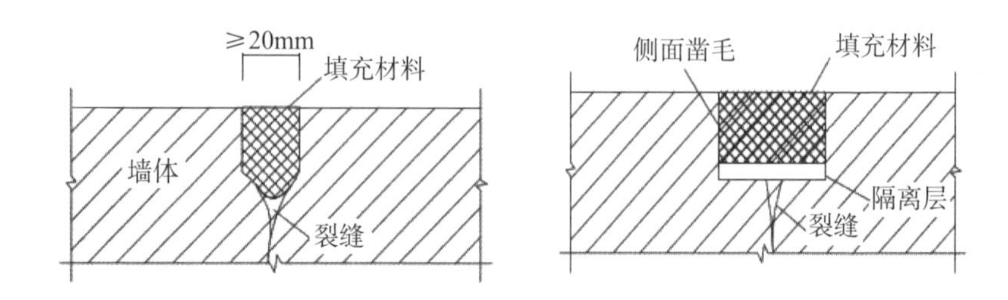

图 4-14　填缝法修复土石墙裂缝

使用斜拉钢筋提升墙体整体性：斜拉钢筋可以锚固在土石墙房屋的墙角四角处预埋的混凝土块内（将墙四角的料石块取出改为现浇混凝土块），如图 4-15 所示。

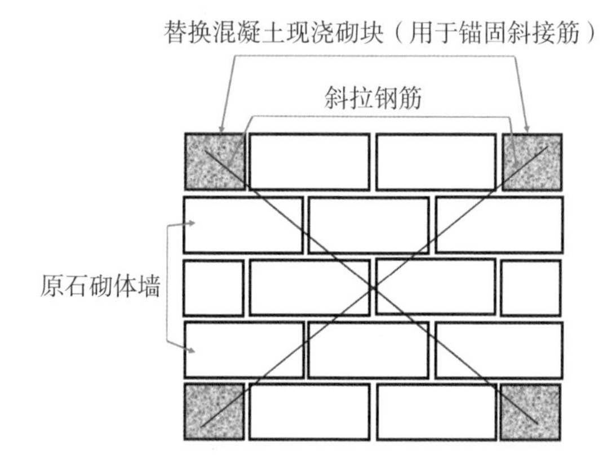

图 4-15　使用斜拉钢筋提升墙体整体性

（2）中等成本、扰动以及提升的增强措施（中修）。

使用钢筋混凝土外套增强纵横墙连接性：对于不符合要求的土石墙中的墙角和柱子，可增设钢筋混凝土外套对其连接性进行增强，如图 4-16 所示。

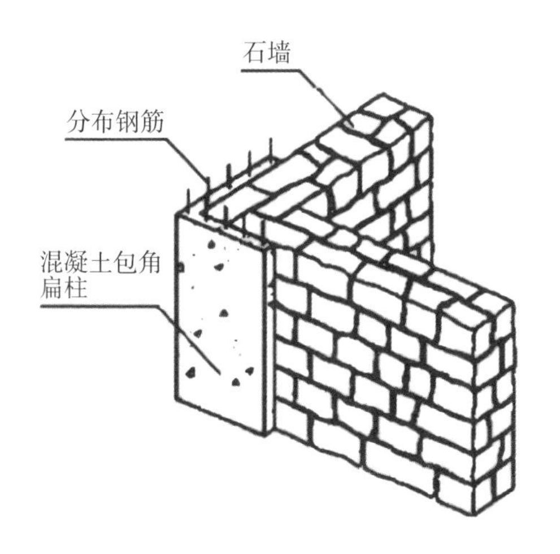

图 4-16　使用钢筋混凝土外套增强纵横墙连接性

打摽：若前后檐墙外闪或内外墙无咬砌，可采用打摽的方法进行改良，如图 4-17 所示。

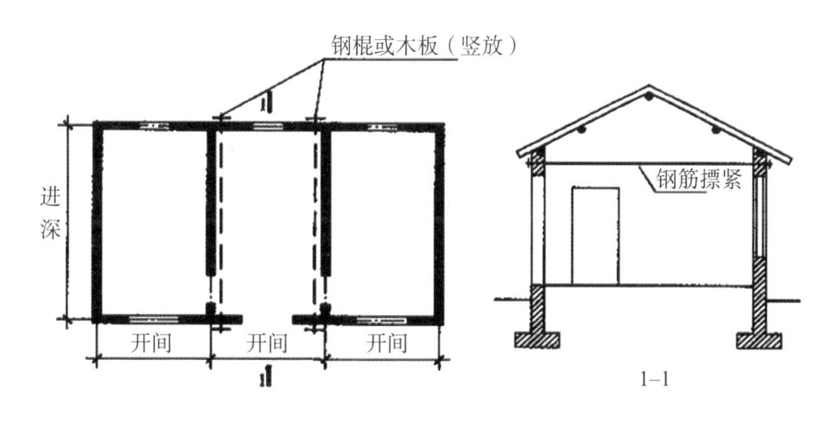

图 4-17　通过打摽提升结构连接性

钢筋网或玻璃纤维网水泥砂浆补强墙面：首先在墙体上用钻头

进行钻孔，然后选择目标面层进行人工凿毛，并除去墙面上的浮土，刷一层素水泥砂浆，将钢丝网或玻璃纤维网置于墙面，用穿墙螺杆固定，螺杆与钢丝网绑扎连接，墙另一面用垫板和螺母将螺杆拉紧。钢丝网或玻璃纤维网固定后在墙面抹水泥砂浆，外附层总厚度控制好，如图 4-18 所示。

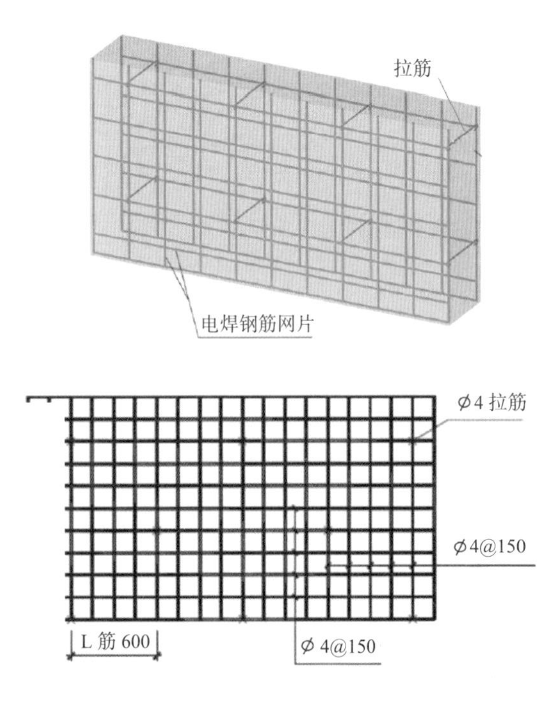

图 4-18　钢筋网或玻璃纤维网水泥砂浆面层增强土石墙抗震性能

（3）高成本、高扰动、提升强的增强措施（大改）。

增设构造柱提升结构整体抗震性能：房屋整体性连接不满足要求时可增设构造柱。增设构造柱应与目标部位的墙面贴紧，与原石墙有水平穿墙筋的连接，应沿着建筑物高度上下贯通，应与每层增设的水平圈梁连为一体，如图 4-19 所示。

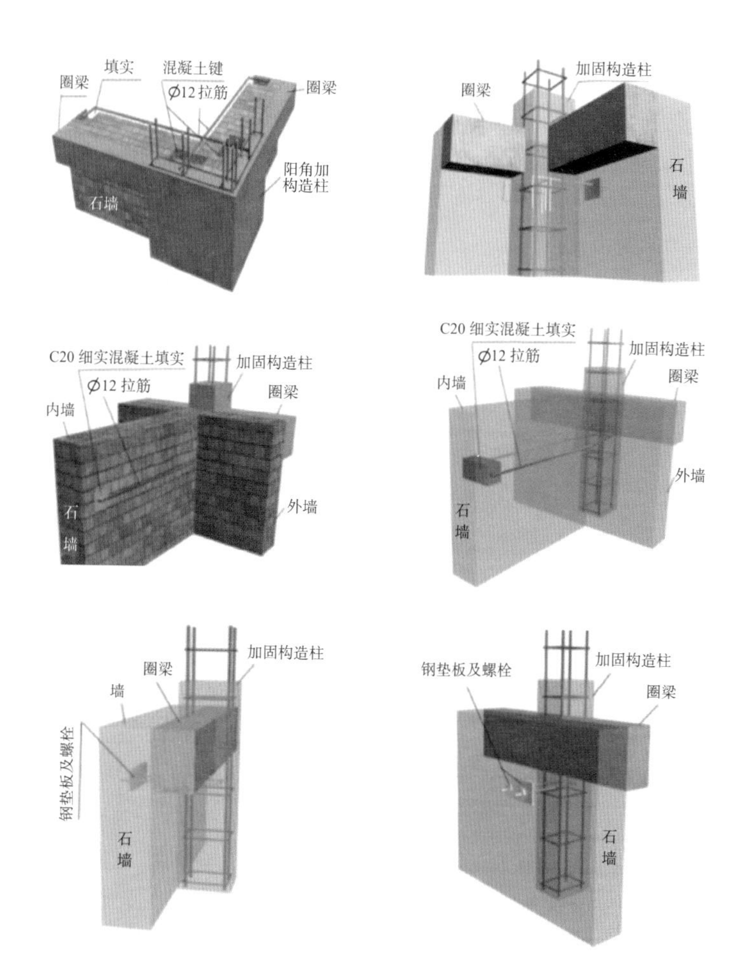

图 4-19　增设构造柱加强结构整体性

增设圈梁：针对楼盖（屋盖）处未设置圈梁构造柱的情况，可以采用外加角钢圈梁或配筋砂浆带圈梁。在墙的适当位置增设木圈梁或有一定砂浆砌筑的砖圈梁，加强房屋的整体性和稳定性，还可把上部荷重较均匀地传递到墙上，以减少和调整土墙体的干缩裂缝，以及由干缩引起的不均匀沉降，如图 4-20 所示。

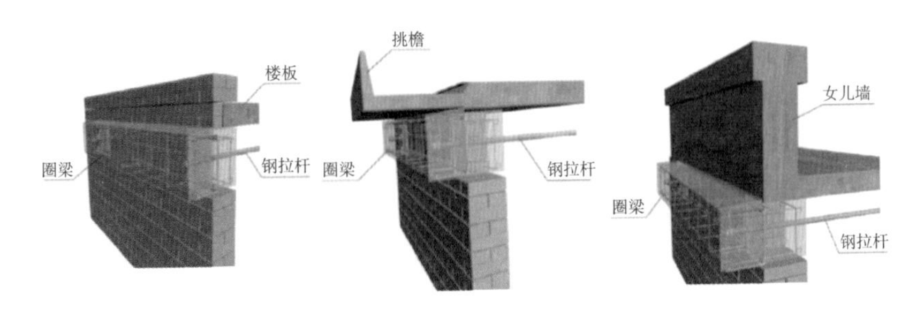

图 4-20　增设圈梁加强结构整体性

采用隔震技术：在混凝土底梁上砌筑一层由上皮条石、钢板层和基础条石组成的滑移隔震层，利用钢板与条石间或钢板与钢板间的摩擦力起到滑移隔震的作用。同时通过调整条石或钢板表面的光滑平整度来控制滑移隔震层的摩擦系数。在较大水平地震作用下，滑移隔震层发生水平滑动，限制地震力向上部结构传递，从而避免上部结构发生较大的破坏，如图 4-21 所示。

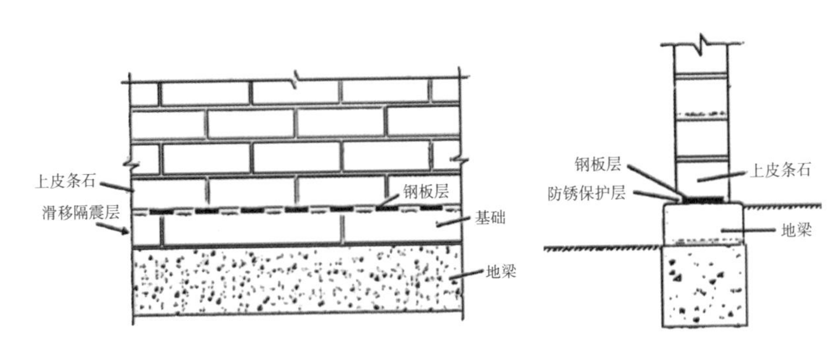

图 4-21　采用隔震技术提升结构整体抗震性能

第 5 章
钢筋混凝土框架结构房屋

5.1 什么是钢筋混凝土框架结构房屋?

钢筋混凝土框架结构房屋是指由梁和柱以钢筋相连接，构成承重体系的结构，即由梁和柱组成框架共同抵抗使用过程中出现的水平荷载和竖向荷载。钢筋混凝土框架结构的房屋墙体不承重，仅起到围护和分隔作用，一般用预制的加气混凝土、膨胀珍珠岩、空心砖或多孔砖、浮石、蛭石、陶粒等轻质板材砌筑或装配而成。钢筋混凝土框架结构房屋的组成与一般构造，如图 5-1 所示。

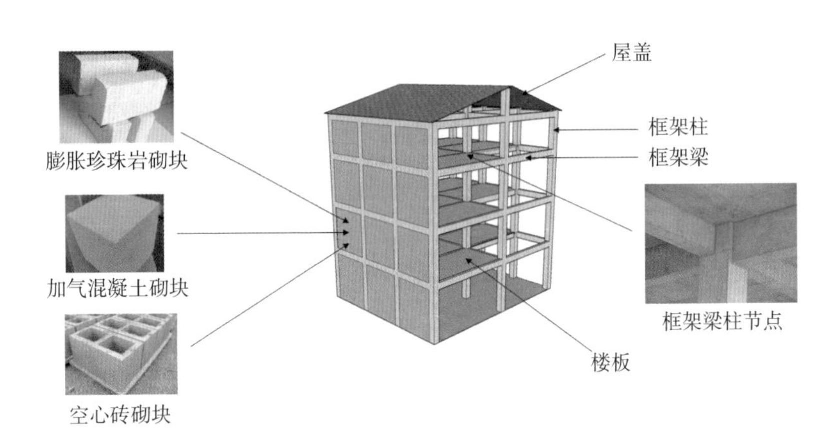

图 5-1　钢筋混凝土框架结构的组成与构成

5.2 钢筋混凝土框架结构房屋的薄弱环节在哪里？震后破坏特征是怎样的?

（1）由于框架柱承载力不足而导致的破坏，如图 5-2 所示。

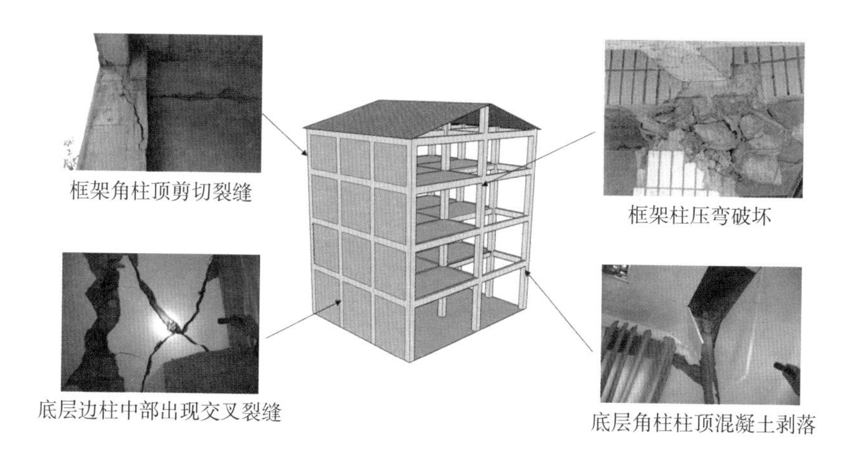

图 5-2　由于框架柱承载力不足导致的破坏

（2）由于框架梁及梁柱节点承载力不足而导致的破坏，如图 5-3 所示。

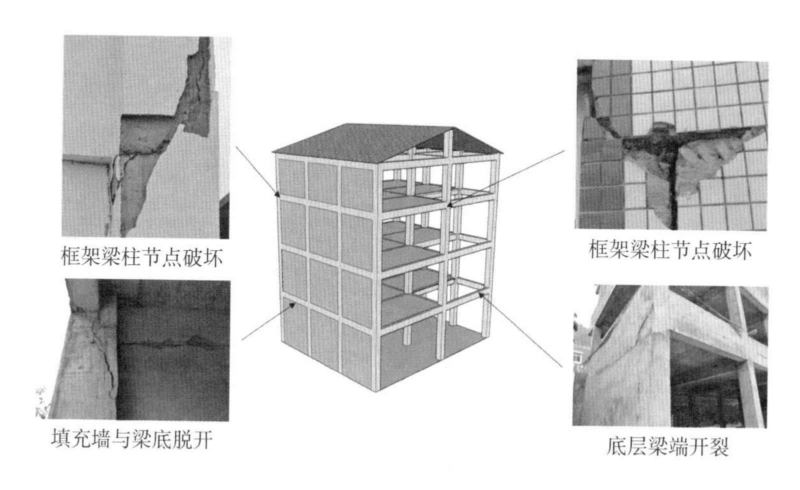

图 5-3　由于框架梁及梁柱节点承载力不足导致的破坏

（3）由于填充墙、楼梯间、屋面女儿墙等部位薄弱导致的破坏，如图 5-4 所示。

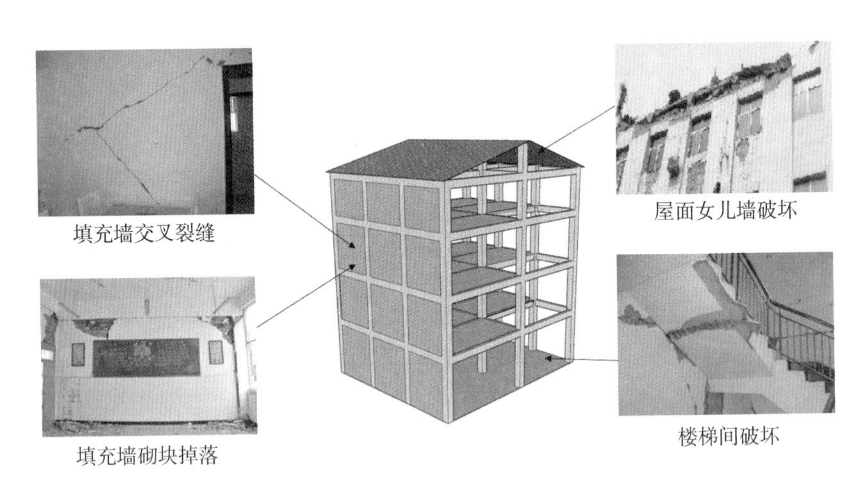

图 5-4　由于填充墙、楼梯间、屋面女儿墙等部位薄弱导致的破坏

5.3 怎样增强钢筋混凝土框架结构抵抗地震破坏的能力？

（1）低成本、低扰动、提升弱的增强措施（小补）。

粘贴碳纤维布提升钢筋混凝土框架梁的抗震性能：首先清理原结构表面，接着进行截面修复和贴合面整平，涂刷底胶，然后粘贴碳纤维布，最后再进行养护、复原，如图 5-5 所示。

图 5-5 粘贴碳纤维材料提升钢筋混凝土框架梁的抗震性能

高压化学灌浆补强裂缝：首先对裂缝进行检查，然后造孔、埋灌浆嘴，并进行封缝处理，完成化灌材料的配制并进行化学高压灌浆，最后进行养护，完成后拔除灌浆嘴并清理缝面、涂刷界面剂、刮涂防渗涂层防护，如图 5-6 所示。

图 5-6 灌浆技术修复混凝土构件裂缝

（2）中等成本、扰动以及提升的增强措施（中修）。

绕丝涂敷混凝土面层补强钢筋混凝土框架梁柱：通过缠绕退火钢丝使目标受压构件混凝土受到约束作用，从而提高其极限承载力和延性。首先卸载，并对原结构表面处理，然后进行焊接和绕丝，最后进行混凝土施工，如图 5-7 所示。

图 5-7　绕丝涂敷混凝土面层提升钢筋混凝土框架结构梁柱抗震性能

增大截面补强钢筋混凝土框架梁柱：首先对原建筑进行清理和修正，然后对原结构表面凿毛，对目标对象的周围楼板开洞，再进行钢筋绑扎、模板安装，最后进行灌浆料浇筑，如图 5-8 所示。

图 5-8　通过增大截面提升钢筋混凝土梁柱构件的抗震性能

（3）高成本、高扰动、提升强的增强措施（大改）。

增设减震装置：在结构特定部位，增设刚度较小的减震构件，增大结构的阻尼比，地震作用下，减震装置先于主体结构屈服，耗散吸收地震能量，减小结构的地震响应，如图 5-9 所示。

图 5-9　增设减震装置降低输入结构整体的地震能量

增设隔震装置：隔震的基本原理是在建筑物的某一层，通常在建筑上部结构与基础（或下部）结构之间，设置由橡胶隔震支座和阻尼器组成的隔震层。使建筑物上部结构与地基“隔开”，延长结构自振周期，减少地震能量向工程结构的传播，减轻地震灾害，如图 5-10 所示。

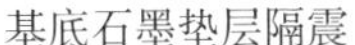
基底石墨垫层隔震

层间隔震

图 5-10　增设隔震装置降低输入结构整体的地震能量

第 6 章

混合承重结构房屋

6.1 混合承重结构房屋有哪些？特点是怎样的？

民用建筑中，混合承重结构常见的形式是砌体结构与钢筋混凝土结构混合，包括底框架结构、砖砼结构、内框架结。

底框结构是指底层或底部两层为框架–抗震墙结构，上部为砌体结构的房屋，如图 6-1 所示。

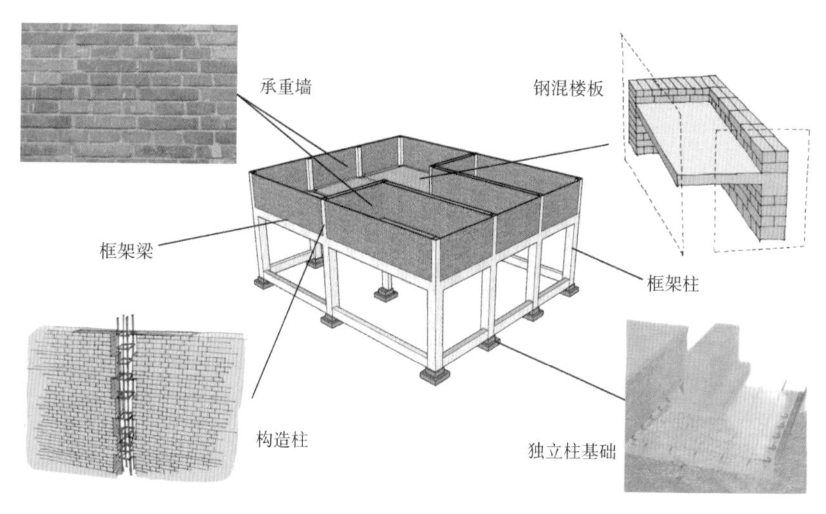

图 6-1　底框结构的组成与构造

砖砼结构是底框结构的特殊类型，二者在构造上具有一定差别。砖砼结构由砖墙和部分钢筋混凝土框架构成的混合承重体系，即底层由砖墙、钢筋混凝土梁和柱共同承担水平荷载和竖向荷载，上部各层由砖墙承担水平荷载和竖向荷载，结构的墙体兼起承重和围护作用，如图 6-2 所示。

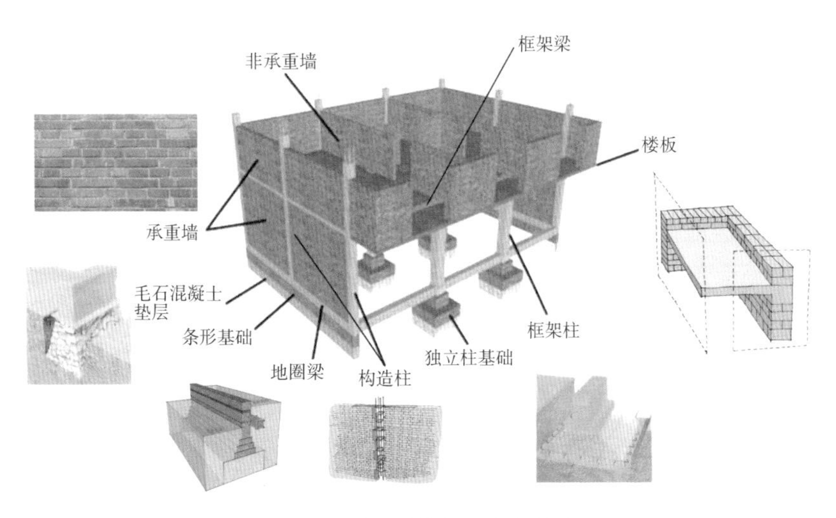

图 6-2　砖砼结构的组成与构造

内框架结构指内部为框架承重、外部为砖墙承重的房屋，如图 6-3 所示。

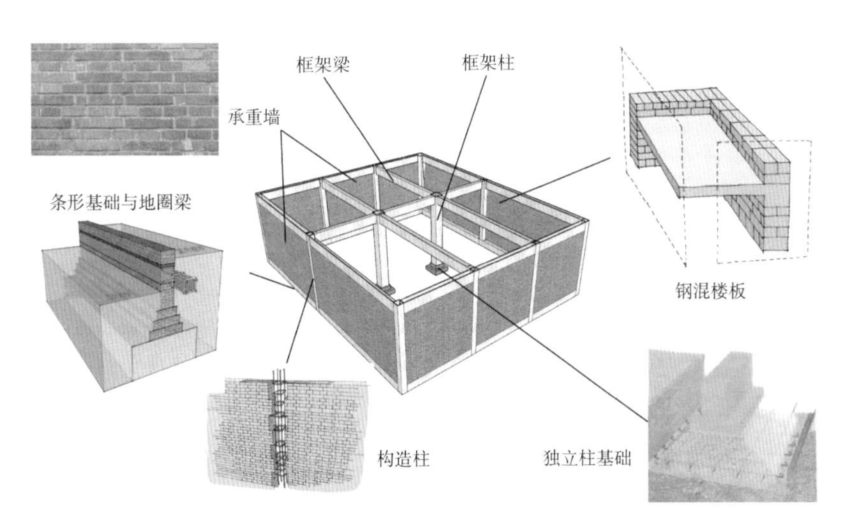

图 6-3　内框架结构的组成与构造

6.2 混合承重结构房屋的薄弱环节在哪里？震后破坏特征是怎样的？（以底框与内框结构为例）

（1）底框结构砌体结构部分材料强度低、延性差，并且更容易吸收地震能量而导致损伤，如图 6-4 所示。

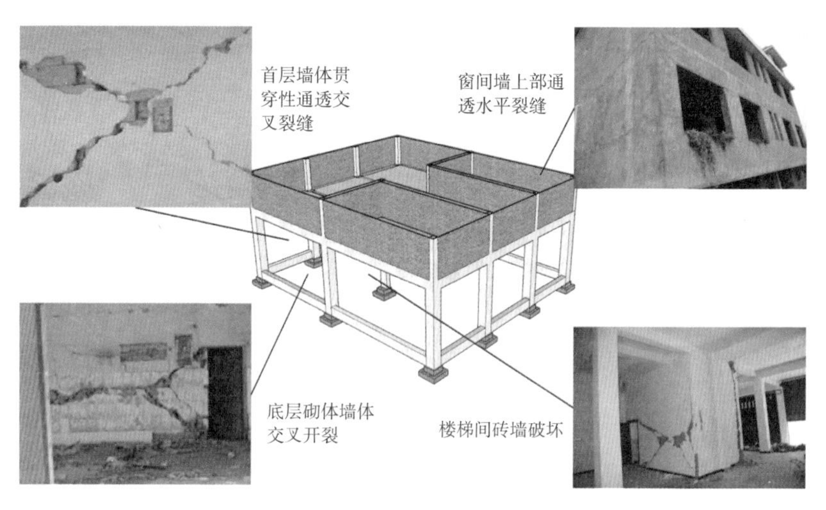

图 6-4　由于墙体材料力学性能较差导致的损伤

（2）底框结构首层及过渡层中构件存在刚度突变，容易造成局部受损，如图 6-5 所示。

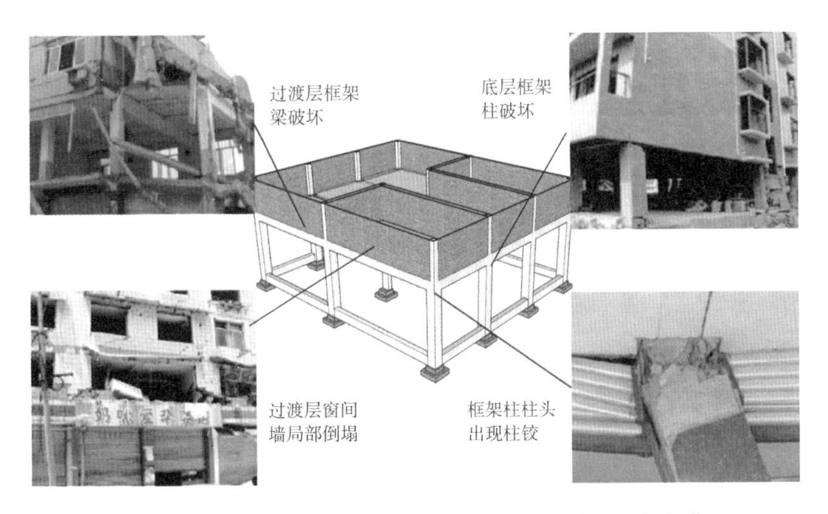

图 6-5　首层及过渡层中构件存在刚度突变造成的局部损伤

（3）底框结构底层及过渡层立面刚度不规则，受地震层间剪力作用集中而导致结构整体破坏，如图 6-6 所示。

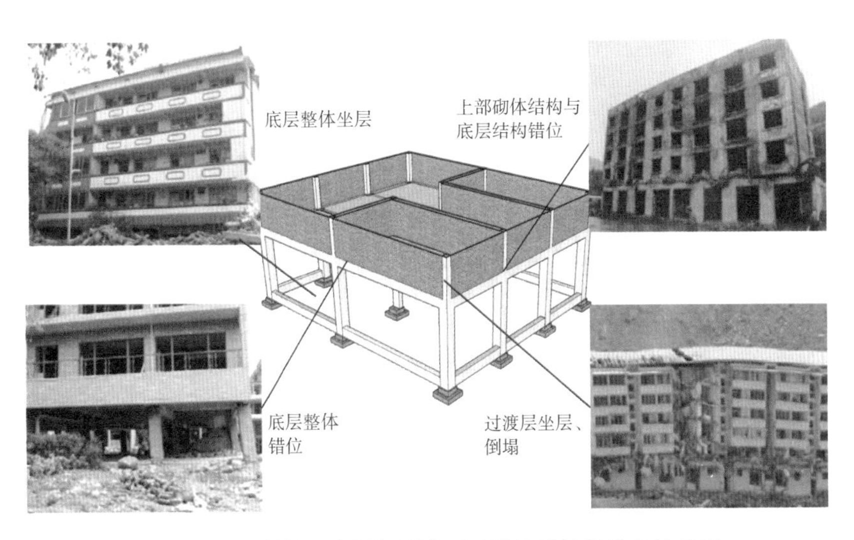

图 6-6　由于结构竖向层间刚度不连续导致的结构整体破坏

（4）内框架结构的上部结构及顶层为薄弱环节，容易造成的损伤，如图 6-7 所示。

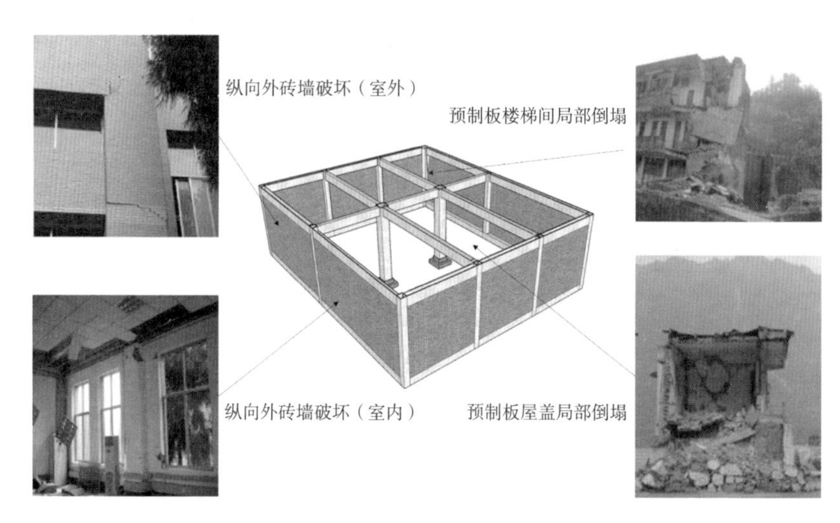

图 6-7　内框架结构“上重下轻，先墙后柱”的震害特征

6.3 怎样增强混合承重结构抵抗地震破坏的能力?

（1）低成本、低扰动、提升弱的增强措施（小补）。

增设壁柱补强砌体部分承重墙与围墙：对于砌体承重墙与围护墙应设砖壁柱，砖壁柱间距不宜超过 5m，并且在悬墙的端部应设置砖壁柱，如图 6-8 所示。

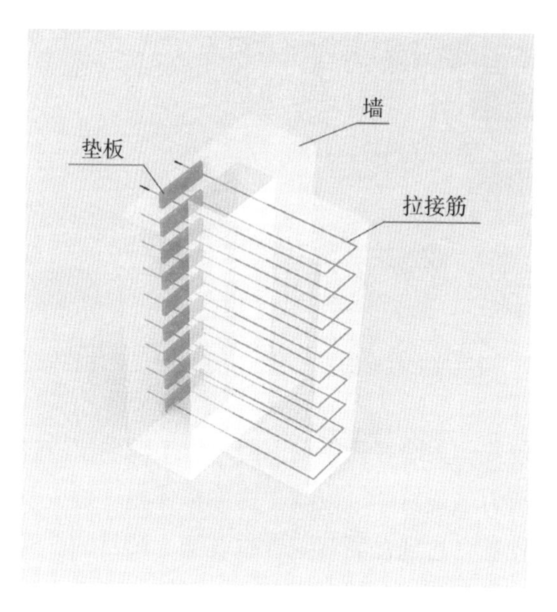

图 6-8　设置壁柱增强墙体的抗震性能

压力灌浆修复墙体：首先对砌体进行表面处理，再固定灌浆嘴位置，钻孔并封缝，最后使用专用设备在钻孔处压力灌浆。

（2）中等成本、扰动以及提升的增强措施（中修）。

加大截面法增强框架柱 / 梁：首先对被目标构件表面进行凿毛处理，露出角部纵筋，然后在构件外侧绑扎纵向钢筋和箍筋，部分箍筋应与主体结构可靠连接形成钢筋骨架，最后浇筑外侧混凝土，如图 6-9 所示。

图 6-9　通过加大截面的方式增强钢筋混凝土梁柱的抗震性能

增设翼墙或剪力墙补强钢筋混凝土框架薄弱层或过渡层：在适当部位增设剪力墙或翼墙，以减少房屋整体扭转效应及原有框架梁柱的改造工程量，达到提高其综合抗震能力的目的。通过现场组装翼墙模板，然后和原有柱进行混凝土的浇筑，形成整体构件；增设翼墙补强时，为了加快施工的进度，可以采用预制翼墙板进行装配式施工，如图 6-10 所示。

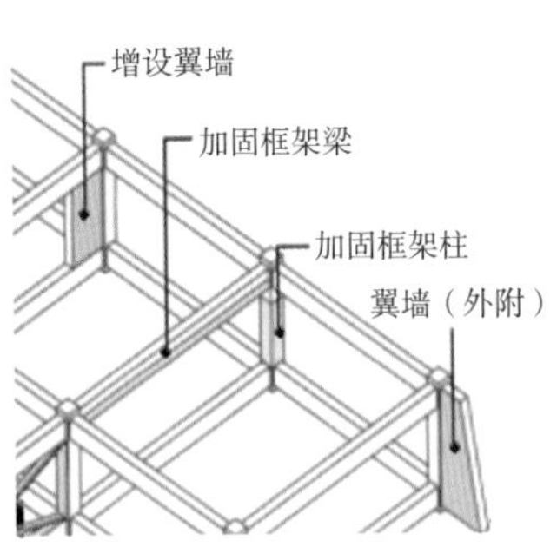

图 6-10　通过在框架柱侧方设置翼墙改善楼层平面刚度

外贴型材补强框架梁柱：在既有混凝土结构外表面粘贴型钢，让新增型钢或钢板与被目标构件组成受力整体，增强构件抗弯及抗剪能力，如图 6-11 所示。

图 6-11　外附钢构套增强钢筋混凝土框架梁柱构件抗震性能

（3）高成本、高扰动、提升强的增强措施（大改）。

外加构造柱提升结构整体性：外加构造柱截面采用扁柱的截面，外墙转角可采用 L 形等边角柱，转角处纵向钢筋宜双排设置；新构造柱应与墙体可靠连接，宜在楼层 1/3 和 2/3 层高处同时设置拉结钢筋和销键与墙体连接，亦可沿墙体设置压浆锚杆或拉结钢筋与墙体连接，在室外地坪标高和原外墙基础的大放脚处应设置销键、压浆锚杆或拉结钢筋与墙体连接，如图 6-12 所示。

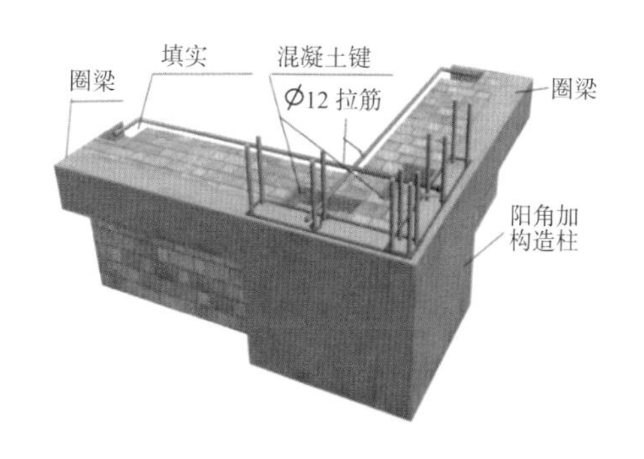

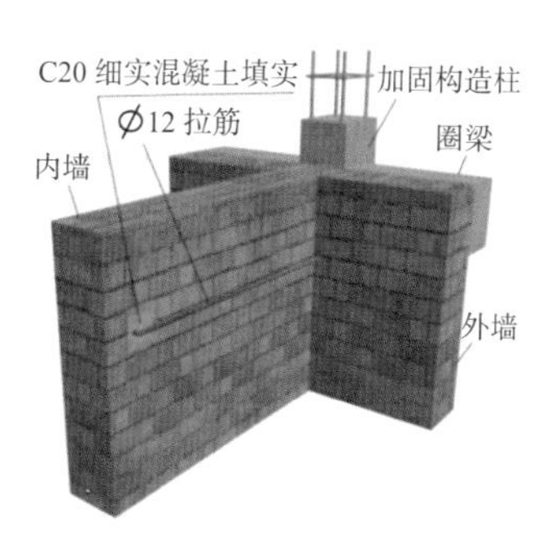

图 6-12　外加构造柱提升结构整体性

外加钢筋混凝土圈梁提升结构整体性：增设圈梁处的墙面有酥碱、油污或饰面层时，应清除干净；圈梁与墙体连接的孔洞应用水冲洗干净；混凝土浇筑前，应浇水润湿墙面和木模板，钢筋和膨胀螺栓应可靠锚固。圈梁的混凝土宜连续浇筑，圈梁顶面应做泛水，底面应做滴水槽。钢拉杆应张紧，不得弯曲和下垂。外露铁件应涂刷防锈漆，如图 6-13 所示。

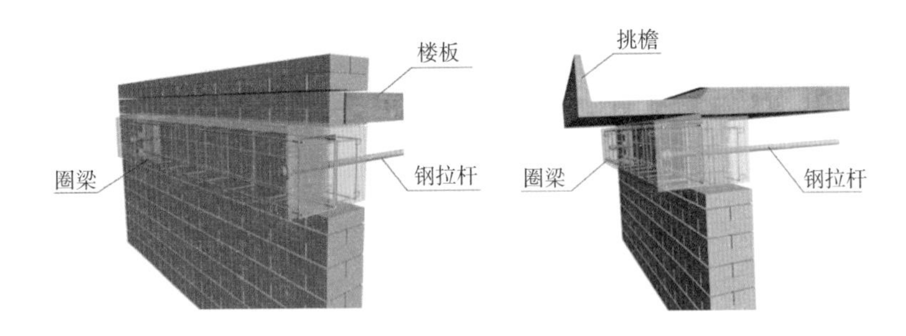

图 6-13　外加钢筋混凝土圈梁提升结构整体性

附加格构式框架增强结构底层抗震性能：在底层大空间结构中增设格构式框架，提高结构的抗侧刚度，提升结构的抗震性能，如图 6-14 所示。

图 6-14　附加格构式框架增强结构底层抗震性能

增设减隔震装置减少输入结构的能量：在建筑上部结构与基础（或下部）结构之间，设置由橡胶隔震支座和阻尼器组成的隔震层。使建筑物上部结构与地基“隔开”，延长结构自振周期，隔离地震能量向工程结构传递，减轻地震灾害，如图 6-15、图 6-16 所示。

图 6-15　底框结构底层隔震改造施工现场

叠层橡胶支座（LNR）

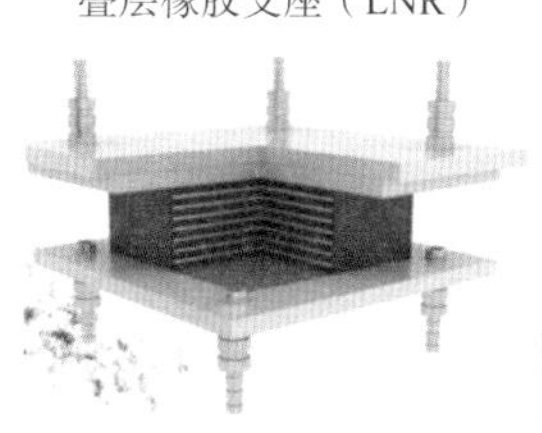

铅芯橡胶支座（LRR）

高阻尼支座（HDRB）

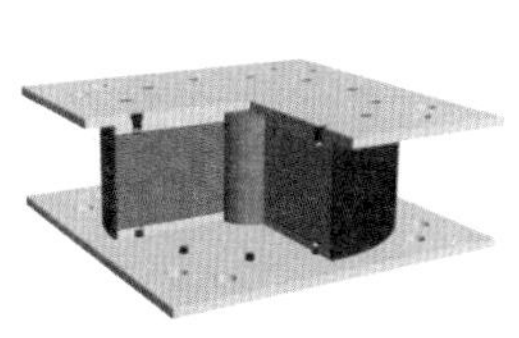

图 6-16　适用于框架柱托换的不同类型隔震垫

第 7 章

简易的局部空间抗震自救措施

7.1 为什么要设立抗震自救局部空间?

应急避难场所是城市防灾避难规划体系的重要组成部分，作用在于提供一个空间，当地震发生时，居民可以在其中避难以免于伤亡。建立应急避难场所是国际上通行的应对和预防自然灾害的有效做法，我国的唐山大地震、汶川大地震留给我们的教训之一就是城市缺少相应的应急避难场所。

应急避难场所根据其权属可以分为公共避难场所和家庭避难场所两类。其中，家庭避难所一般是将房屋的某个房间，如厨房、卫生间、地下室等强化改造成避难空间或是在房屋附近新建地上或地下的避难空间，美国地区一般称作安全室（Safe Room），本文称为“抗震自救局部空间”。

农村民居量大面广，但抗震能力较差。震后房屋倒塌是造成人员伤亡的主要因素，因此广泛推广简易的局部空间抗震自救措施尤为重要，如在房屋内及周边建立可靠的抗震自救局部空间，抗震自救局部空间在房屋中的设置部位示意，如图 7-1 所示。

图 7-1　抗震自救局部空间布置示意

7.2 如何在既有民居中设置抗震自救局部空间？

根据抗震自救局部空间布置位置的不同，在不更改房间布局的情况下增设自救局部空间，可以分为以下三类情形。

（1）布置于地下室。

当自救局部空间布置于地下室时，该空间可以利用一面或多面原结构地下连续墙作为侧向围护，或是在地下室设立独立于原结构的自承重墙体。特别强调的是，此类自救空间的设置要考虑多灾耦合时的防护措施，例如洪水倒灌进入地下空间等，如图 7-2 所示。

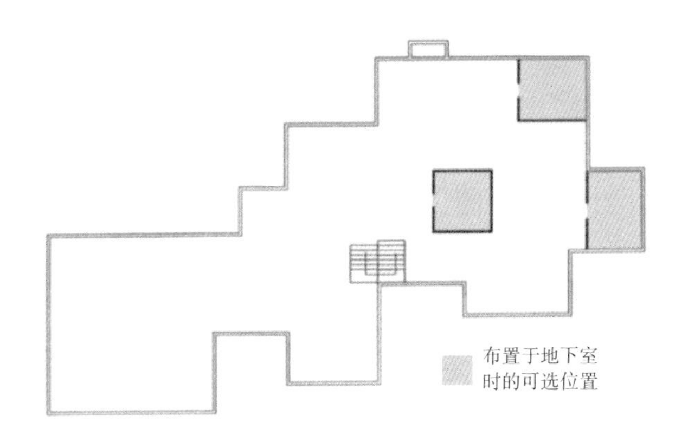

图 7-2　布置于地下室的可选位置

（2）布置于房屋首层。

当自救局部空间布置于房屋首层时，该空间可以在原房屋的壁橱、洗衣间、浴室及车库角落补强或改造设置，这些部位往往墙体上无开洞或开洞尺寸较小，便于改造。特别强调的是，基于壁橱改造时要考虑地震发生时空间内物品的掉落，如图 7-3 所示。

图 7-3　布置于房屋首层的可选位置

（3）布置于地坪下（原结构无地下室时）。

当自救局部空间布置于地坪下时，该空间可以布置于壁橱、客厅下方或者车库下方。特别强调的是，在车库下方开挖增设自救空间时应当考虑建筑的使用功能，避免进入自救空间时出现障碍；此类自救空间的设置要考虑多灾耦合时的防护措施，例如洪水倒灌进入地下空间等，如图 7-4 所示。

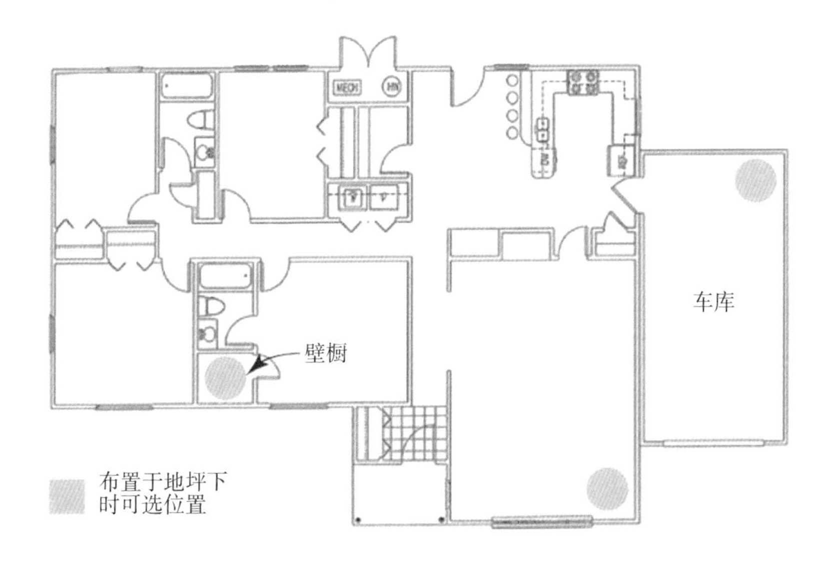

图 7-4　布置于地坪下的可选位置

7.3 对既有民居进行自救空间改造时有哪些注意事项?

（1）安全屋的尺寸要求。

地震持续的时间较短，人们在自救局部空间内无须长时间停留，因此空间的舒适性不是首要的考虑目标，空间尺寸可以结合被改造空间的建筑功能与人员站位来设计。

（2）基于地下室改造的构造要求。

地下室应当足够大，以容纳自救局部空间。当自救局部空间的侧向承重墙利用地下室原有墙体时，应当对原有墙体采用钢筋网水泥砂浆面层或者板墙补强，其余墙体采取增设砌体或钢筋混凝土抗

震墙的手段改造，侧向承重墙上应避免开不必要的洞口。地震作用下，首层楼板可能受到冲击荷载和超额恒定荷载，需要对自救空间的顶板进行现浇叠合层补强，或粘贴 FRP 材料补强；地下室底板可能受地基液化、隆起影响，也需要对自救空间的底板进行现浇叠合层补强，如图 7-5 所示。

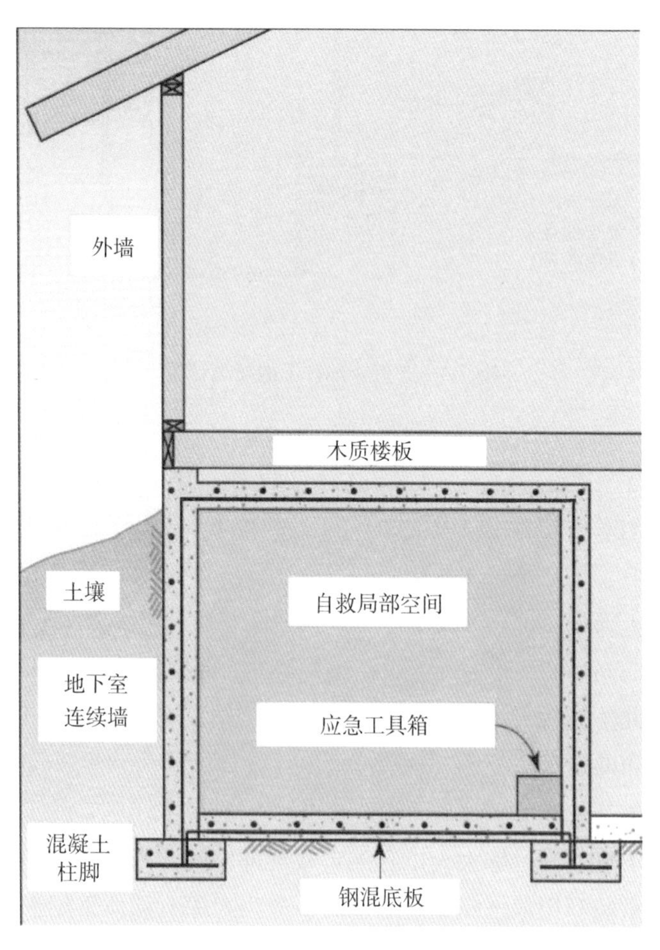

图 7-5　布置于地下室时基础及墙体设置方案

（3）基于地坪上钢混筏板基础的改造要求。

自救空间设置位置的钢混底板基础需要补强，补强后的底板可以作为侧向承重墙的基础，当原有钢混底板基础强度不足时，不具备改造条件，则需要部分拆除，重新浇筑新的垫脚与基础；当不具备室内改造条件时，也可以采用附加子结构的改造方式，在原结构外围建造独立的自救空间，如图 7-6 所示。

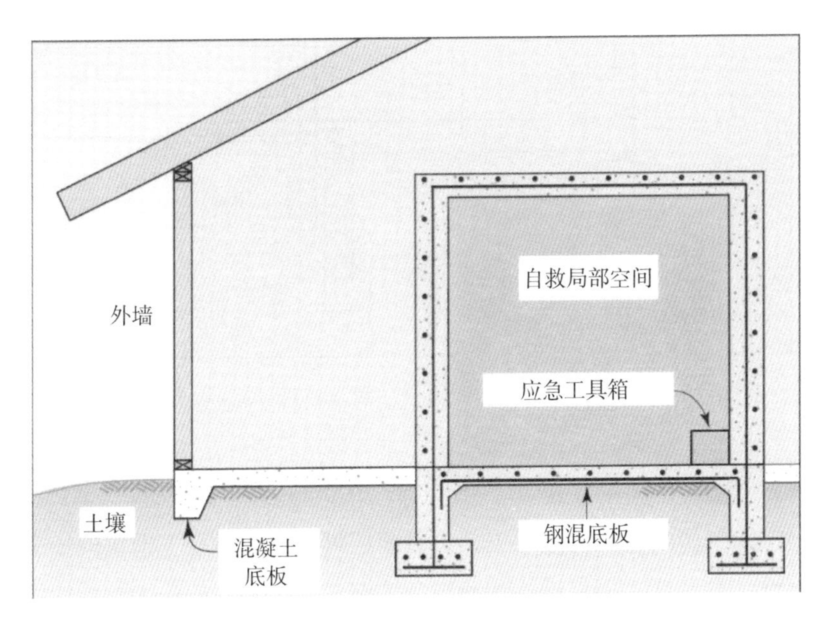

图 7-6　布置于地坪上时基础与墙体设置方案

（4）基于底层架空结构的改造要求。

自救局部空间的基础应当与原结构基础分离，因此可能需要局部分割原结构基础底板，重新制作基础。更经济的方式是，在靠近楼板地基建一个钢筋混凝土结构或者砌体结构的独立自救局部空间，如图 7-7 所示。

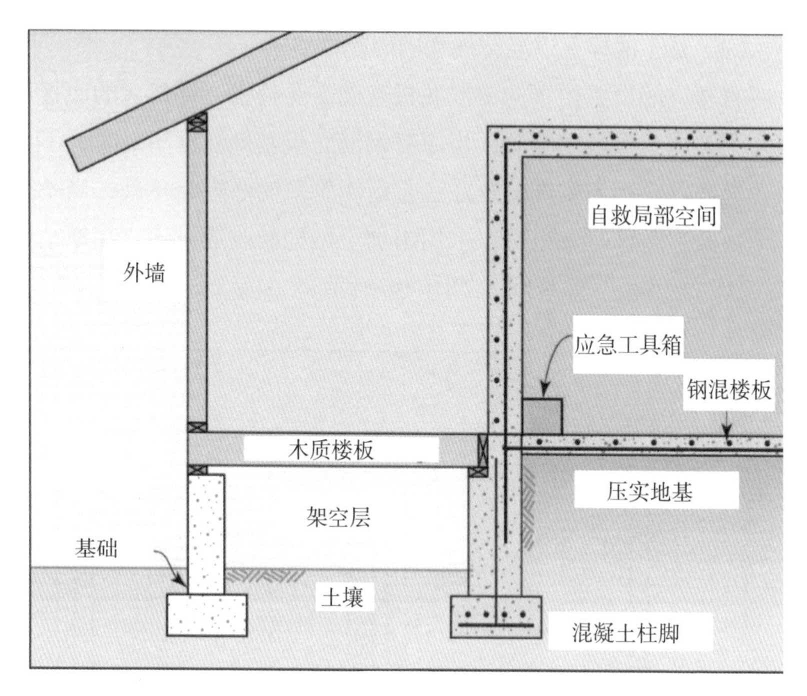

图 7-7　布置于底层架空层之上时基础及墙体设置方案

（5）关于施工方式。

除了传统的现浇施工工艺，目前还可以使用混凝土砌块现场砌筑或结合装配式构件进行快速组装改造。值得注意的是，不论使用哪一种施工方式，该自救局部空间与原主体结构的连接应当采用“软连接”，例如抹面砂浆填缝或压型钢板栓接，避免造成原结构刚度不对称分布，并防止在地震发生时，由于连接处刚度突变，造成主体结构连带损伤。

参考资料

[1] FEMA. Safe Room Construction Plans Taking Shelter From the Storm: Building a Safe Room in Your Home or Small Business[M]. Federal Emergency Management Agency, 2014.

[2] 卜永红 . 村镇生土结构房屋抗震性能研究 [D]. 长安大学，2013.

[3] 戴君武，孙柏涛，等 . 四川九寨沟 7.0 级地震之工程震害 [M]. 北京：地震出版社，2018.

[4] 葛静 . 石砌体结构抗震性能与加固技术研究 [D]. 兰州：兰州理工大学，2010.

[5] 马永福，赵志勇，等 . 云南省农村危房修缮加固技术指南 [S]. 云南省住房和城乡建设厅，2018.

[6] 闵全环 . 打包带加固村镇砌体抗震性能研究 [D]. 南昌：南昌大学，2019.

[7] 上官子昌，吕克顺，等 . 13G311 混凝土结构加固构造图集应用 [M]. 北京：中国建筑工业出版社，2015.

[8] 四川省建筑标准设计办公室 . 四川农村居住建筑抗震设防宣传挂图 [M]. 四川省住房和城乡建设厅，2015.

[9] 孙柏涛，闫培雷，等 . 四川省芦山“4 · 20”7.0 级强烈地震建筑物震害图集 [M]. 北京：地震出版社，2014.

[10] 孙景江，李山有，等 . 青海玉树 7.1 级地震震害 [M]. 北京：地震出版社，2016.

[11] 中国地震灾害防御中心 . 地震的防、抗、救 [M]. 北京：科学普及出版社，2019.

[12] 左德亮 . 木结构传统民居抗震加固试验研究 [D]. 西安：西安建筑科技大学，2015.

一些图片来自网络及其他文献，限于篇幅，在参考文献中不一一列举，一并致谢。